U0181797

中国服饰史话

ZHONG GUO FU SHI SHI HUA

戴钦祥 陆钦 李亚麟 著

典藏版

中国国际广播出版社

目　录

服饰的起源与演变

　　每当人们走进历史博物馆那宽敞而明亮的展厅时，总是第一眼就可以看见原始人那繁忙的生活场景：有的围聚在火堆边烧烤兽肉，有的在原始森林中采集野菌，有的举着尖利的石块在追逐赤鹿和野牛，有的正站在湍急的流水中叉鱼……而当你再仔细观察的时候，你就会惊奇地发现，原来这些原始人除了用一块毛茸茸的兽皮或用绿叶编织成的草裙遮蔽着部分下体之外，几乎全身都裸露着，根本没穿什么衣裳。有少数人，则在脖颈或手腕处佩戴着用兽齿或河蚌等串成的装饰物……看到这些，也许你会产生疑问：为什么我们人类祖先的服装和佩饰会如此简单粗糙，而我们今天却那样丰富多彩？我国的服饰又是怎样由原始萌芽状态逐渐发展成熟起来的？我国历朝历代的服饰又是怎样的？有哪些主要形制和特点？为什么我国会享有"衣冠王国"的美誉？要弄清这一连串的问题，还是让我们从人类服饰的起源说起吧。

　　在遥远的古代，人类穴居野处，过着原始生活。那时，人们只知道用树叶、草葛遮挡烈日，防御虫蛇的啃咬、风雨的侵袭，以保护身体。或者是为了猎获野兽，把自己伪装成猎物的模样，如头顶兽角、兽头，身披动物皮毛，臀后拖着长长的兽尾，以便靠近目标，提高狩猎效果。后来，才逐渐懂得用猎获的赤鹿、斑鹿、野牛、羚羊、狐狸、獾、兔等野兽的皮毛把身体包裹起来御寒保暖，即古人所谓的"衣毛而冒（覆盖）皮"（《后汉书·舆服志》）。而这种完全出于实用的考虑，正是人类衣服和装饰产生的主要动因。至于为了遮羞或美饰则是后起的想法，是在人类形成了道德感、性羞耻心与审美观才产生的。当然，人类这些最初用以遮体的兽皮、树叶或用作伪装的兽角、兽头、兽尾，还只能说是服饰的雏形。到了人类学会磨制骨针、骨锥，缝制衣服，人类的服饰才脱离萌芽状态。这从旧石器时代的周口店山顶洞人[①]、山西朔县峙（shì）峪人[②]和河北阳原虎头梁人[③]等遗址发掘出的各种兽骨制成的骨针、骨锥，可以得到有力的证明。这些骨针和骨锥，虽然远不如今日的钢针、钢锥那般锋利，但以骨针针孔之细小、针体之短小圆滑及骨锥之尖锐，就当时的打磨水平而论，已经是相当精巧了。

　　在山顶洞人的遗址及许多古墓葬中，还发掘出不少用天然美石、兽齿、鱼骨、河蚌和海蚶壳等经打制、研磨和钻孔串联而成的头饰、颈饰和腕饰等装饰品。它们大小不一，有圆有扁，尽管今天看来很粗糙，但足以说明，原始人已懂得佩戴饰物以表示对渔猎胜利的纪念，

---

① 在北京市房山区周口店龙骨山发现。
② 在山西朔县城西北的黑陀山东麓发现。
③ 发现于河北阳原县虎头梁附近。

并美化自己。正如普列汉诺夫在《论艺术》中所说:"这些东西最初只是作为勇敢、灵巧和有力的标记而佩戴的,只是到了后来,也正是由于它们是勇敢、灵巧和有力的标记,所以开始引起审美的感觉,归入装饰品的范围。"①

山顶洞人遗址出土的装饰品

约在五六千年前,中国的母系氏族社会步入繁荣阶段,原始的农业和手工业开始形成。人们逐渐学会将采集到的野麻纤维提取出来,用石轮或陶轮搓捻成麻线,然后再织成麻布,做成更进一步符合人体要求的衣服。这是人类服饰发展史上一个崭新的开端,也是人类社会进步的一个重要标志。

中国发明饲养家蚕和纺织丝绸是相当早的。历史上就流传着"伏羲氏化蚕桑为繐(suì)帛"(《皇图要览》)、黄帝原配妻子嫘祖西陵氏"始教民育蚕,治丝茧以供衣服"(罗泌《路史》)等传说。

① 普列汉诺夫.论艺术[M].曹葆华,译.北京:生活·读书·新知三联书店,1973:11.

考古发掘表明，在新石器时代，人们已将蚕蛾驯化家养[①]，并能织出较为精细的丝织物。到了殷商时期，养蚕已很普遍，人们已熟练地掌握了丝织技术。随着织机的改进，提花装置的发明，已能织出除平纹织物外，还有畦纹和文绮织法的丝绸。加上刺绣与染彩技术的逐渐成熟，服饰也日益考究。史载，商纣王一次就赏赐给 300 名宫女大量丝织品，足以说明当时养蚕、取丝，乃至丝绸业已具相当规模。

衣服的样式是从简单到繁复发展的。最初的样式极其简单。在寒冷的北方，人们往往不分男女老少都披一件完整的兽皮。后来把兽皮中央穿个洞，或在兽皮一端切个凹口，就形成了名为贯头衣或斗篷的最早的衣服。在气候温暖的地带，人们最初只是用一块方布把下身围起来，这就是最早的裙子。它很像今天我国西南方少数民族所穿的筒裙。

衣服分上下，又是较晚些的事。一般说来，背心、套袖、套裤出现较早。当人们将背心、套袖、套裤和遮羞布连缀起来时，上衣和下衣也就出现了。

帽子和鞋是伴随衣服产生的。人们最初把一片树叶或树皮顶在头上以避免烈日的炙烤、淫雨的淋漓，这就是最古老的帽子。后来才逐渐发展为用兽皮或布帛裹头。人们用树皮或兽皮裹脚以防备荆棘、碎石，抵御严寒冰雪，这就是最早的鞋。后来才由裹脚之物逐渐发展为鞋。

进入阶级社会以后，我国服饰同社会的经济基础、政治制度、思

---

① 1926 年在山西夏县西阴村出土的仰韶文化遗存中，曾发现半个人工割裂的茧壳。见李济《西阴村史前遗存》。

想意识、风尚习俗、审美观念等的关系越来越密切。它的发展与演变总要受到各种社会条件的影响和制约。例如，由于人们在财富的占有上开始变得不平衡，财富的意识、观念甚至崇拜逐渐形成，人们的服饰观念也有了改变，服饰的美中又注入了富贵与贫贱的色彩。再如，伴随宗教的产生，宗教观念的影响在服饰发展上也有了明显的反映。所谓上衣像天（未明时）用玄色，下衣像地用黄色，这一黑一黄，无疑是受到对天地崇拜的原始宗教观念的影响和制约。至于祭服和丧服的确立，也显然是由于对天地、祖先和死者的迷信和敬畏，幻想依靠对天地、祖先和死者的祭拜来帮助自己度过各种灾难。

中国的冠服制度大约在夏商时期初步确立，至周代趋于完善。在这以前，古代男子一般都是长发披肩，或稍加系束，或梳成辫发，头戴冠巾。只有犯人才剃去头发。古代女子的发式与男子大体相同。夏商周时期，冠服制度已成为体现统治阶级意志、区别等级尊卑的东西，标志着权力和等级的冕服与官服以及各种饰品逐渐成为服饰发展的主流。到了春秋战国时期（公元前 722 年—前 221 年），冠服制度则进一步纳入"礼治"范围，成为礼仪的表现形式，充分反映封建的等级制度。按照《周礼》规定，举行祭祀大典或朝会时，帝王和百官必须身着冕服或弁服。它的具体形制因穿戴者身份的尊卑贵贱不同而各有差异。这个时期服装的主要形式是上衣下裳制。上衣大多为小袖，长到膝盖，下裳为前后分制，两侧各有一条缝隙，腰间用绦（tāo）带系束。

战国时期，服饰发生了明显的变化。这就是"深衣"和"胡服"的出现。深衣是将原有的上衣和下裳缝合在一起的衣服（有些像后世的连衣裙），因"被于体也深邃"（意思是遮蔽身体的面积大。

见《礼记·深衣》）得名。胡服是我国北方少数民族的服装。它一般由短衣、长裤和靴组成，衣身紧窄，便于游牧与射猎。赵武灵王为强化本国军队，在中原地区首先采取胡服作为戎装。由此，穿着胡服一时相沿成风，以至形成中国古代服饰史上第一次的大变革。

　　秦统一中国后，建立了各项制度，其中包括衣冠制度。汉代秦之初，大体上沿袭了秦制。至东汉明帝时，始参照三代与秦的服制，确立了以冠帽为区分等级主要标志的汉代冠服制度。服饰在整体上呈现凝重、典雅的风格。秦汉时期的男子主要穿着一种宽衣大袖的袍服。它基本上可以分为曲裾（jū，**衣裾**）与直裾两类。曲裾就是战国时的深衣；直裾又称襜褕（chān yú），除祭祀、朝会外，其他场合均可穿着。汉代服饰的另一特点是实行佩绶制度。

　　汉代女子一般都将头发向后梳掠，绾（wǎn）成一个髻。髻式名目繁多，不可胜举。此外贵族女子头上还插步摇、花钿作装饰。奴婢则多用巾子裹头。汉代女子的礼服是深衣，与战国时不同。还有穿襦（rú）裙和裤（**大多仅有两只裤管，类似今天的套裤**）的。

　　汉代的鞋也有严格的等级规定。

　　魏晋南北朝时期的服饰受到社会政治、经济、思想等方面的显著影响，由魏晋的仍循秦汉旧制，发展到南北朝时期各民族服饰的相互影响、相互吸收、渐趋融合，从而形成了中国古代服饰史上的第二次大变革。这一时期的服饰主要以自然洒脱、清秀空疏为特点。当时，一些少数民族的统治者受到汉文化的影响，醉心于褒衣博带式的汉族服饰，开始穿着汉族服装；同时，在北方少数民族迁居中原、民族杂处的情况下，广大汉族人民也逐渐穿起少数民族服装。从此，原有的深衣形制在民间逐渐消失，胡服开始盛行。用巾帛包头，是这个时期的主要首服。较为流行的是一种在小冠上加笼巾的"笼冠"。这个时期汉族男子的服装主要是袖口宽大、不受衣袪（qū，袖口）约束的衫。少数民族男子的服装主要是紧窄的裤褶（zhě）和裲裆（liǎng dāng）。汉族女子的发饰也颇具特点，主要是假髻的风行。汉族女子的服装，初承秦汉旧制，后有所变化。衣衫多为对襟，下着长裙，腰束帛带。少数民族女子除穿衫裙外，还穿裲裆和裤褶，与男子几乎没有区别。

唐代服饰承上启下，法服与常服同时并行。法服是传统的礼服，包括冠、冕、衣、裳等；常服又称"公服"，是一般性的正式场合所着的衣服，包括圆领袍衫、幞（fú）头、革带、长筒靴。"品色衣"至唐代已形成制度。平民则多穿白衣。唐代女子的髻式繁复，还有在髻鬟上插金钗、犀角梳篦的。贵族女子面部化妆成"额黄""花钿（diàn）""妆靥（yè）"等。唐代女服主要为裙、衫、帔（pèi）。由于唐代处在我国专制社会的鼎盛时期，在文化交流中取广采博收政策，对西域、吐蕃的服饰兼收并蓄，因而"浑脱帽""时世妆"得以流行。贵族女服呈现以展示女性形体和气质美的薄、露、透为特点的中国封建社会绝无仅有的现象。这可以说是中国古代服饰史上的第三次大变革。与前两次服饰大变革（南北向交流）有所不同，这次的特点是东西向的服饰大交流。

宋代服饰大体上沿袭了隋唐旧制。但由于宋王朝长年处于内忧外患交并之中，加上程朱理学的思想禁锢等因素的影响，这一时期的服饰崇尚简朴、严谨、含蓄。唐代的软脚幞头这时已演变为内衬木骨、外罩漆纱的"幞头帽子"。皇帝与达官显宦戴展脚幞头。公差、仆役等戴无脚幞头,儒生戴头巾。宋代男子服装仍以圆领袍衫为主。官员除祭祀朝会外都穿袍衫,并以不同颜色区分等级。宋代女子的发式以晚唐盛行的高髻为贵。簪插花朵已成风习。宋代的女裙较唐代窄,而且有细褶,"多如眉皱";衫多为对襟,覆在裙外。

辽、金、元三代均为少数民族执掌政权。服饰既各具本民族特色,又表现出与其他民族相融合的特征。辽代契丹服与汉服并行。契丹族男子"髡(kūn)发",穿皮袍、皮裤(kūn)。女子面部常饰"佛妆"(**以金色涂面**),着直领左衽团衫,拖地长裙。金代大体保持女真族服式,适应游牧生活需要,盛行保护色服装。男子通常梳辫发,头裹皂罗巾,身穿盘领窄袖衣,脚着乌皮靴。女子辫发向上盘髻,服装以襦裙为主。法定服饰初承辽制,后吸纳宋朝服饰特点,形成女真、契丹、汉族三合一的特色。元灭南宋后,种族等级森严,在服饰上多有禁制。帝王、大臣朝会时,一律穿同一颜色连体紧窄的"质孙衣",以质地精粗不同区分等差。冬服、夏服也各有定制。贵族满身红紫细软,以宝石装饰为荣。女子一般戴皮帽,穿左衽窄袖织锦女袍,着靴。其最具特色的女帽是"姑姑冠"。它上宽下窄,像个翻倒的花瓶。蒙古族男子皆剃"婆焦",戴皮帽,着右衽翻领皮袄,穿靴。辽金元戎服以便于骑射为特色。

明立国不久,就下令禁穿胡服,恢复了唐朝衣冠制度。所以,有明一代,重新出现了法服与常服并行的状况。明代的法服与唐制大体相同,只是进贤冠改成了梁冠,并增加了忠静冠、保和冠等冠式。明代官员戴乌纱帽,穿圆领袍。袍服除有品色规定外,还在胸背缀有补子，并以补子上所绣图案的不同，表示官阶的差异。官员的腰带因品级不同质地也不一样。出于强化中央集权的需要，等级限制之严格成为明代服饰的一大特点。读书人多穿直裰（duō）或曳撒，戴巾。平民则穿短衣，戴小帽或网巾。明代女子的髻式也很多，而且常在额上系兜子，名"遮眉勒"。所着衣裙与宋元近似。但内衣有小圆领，颈部加纽扣。衣身较长，缀有金玉坠子，外加云肩、比甲（**大背心**）等。

清兵入关后，为巩固其在中原的统治，强制施行"剃发令"，并相继制定了官民服饰制度、服色制度等。结果导致传统冠服制度的最终消灭，形成满族服饰的一统地位，从而出现了中国古代服饰史上的第四次大变革。清代男子一律剃去额发，后拖长辫。服装有袍、袄、衫等形制。官员穿开衩箭袖长袍，外着朝褂。胸背各缀有一块补子，上面绣有各种纹饰，用以区分官员品级。此外，还用帽顶饰物质地的优劣来表示官员品阶的不同。清代女子的服饰则满汉两制并存。满族女子梳辫或髻，或"两把头""大拉翅"。着旗装，即穿旗袍，外加坎肩，穿高底鞋。汉族女子仍上着衫、袄，下着裙、裤。这一形制流行了200多年，至武昌起义的枪声划破长空，辛亥革命爆发，男性纷纷抛弃长袍马褂，剪掉长辫而着起中山装或西装，女子蜂起剪去长发而穿起西洋化的旗袍、长不过膝的裙装，从而掀起中国服饰史上又一次新的更大的变革。服饰的发展重新回到了一个自由的状态。

商周服饰

第二章

约公元前 21 世纪至前 11 世纪的夏商时期，是中国奴隶社会的确立与发展时期。在这个社会里，生产力水平低下，物质条件极度匮乏，作为统治阶级的奴隶主拥有社会生产资料和产品，被统治的奴隶不但劳动果实被攫夺，连人身自由也已丧失。奴隶社会这种严重的阶级对立反映在服饰上，就是两者的服饰存在着明显差异：奴隶主服饰质地优良，色彩艳丽；奴隶服饰粗糙低劣，色调单一。个性表现的全部权力完全为奴隶主占有，美成了他们特有的专利。这从商朝后期的都城遗址（通称"殷墟"，在今河南省安阳市境内），以及古墓葬发掘出的大批玉人、石人、陶人、铜人等文物上可以明显看出。

一、商代衣冠

从出土的玉人等形象上来看，商代男子的发式，一般以梳辫为主，形式多样。有将头发上梳到头顶，编成一条辫子，再垂到脑后的；有左右两侧梳辫，辫梢卷曲，下垂到肩上的；还有先将头发编成辫子，然后盘绕在头顶上的。奴隶免冠，着圆领麻布衣，手上戴枷锁；奴隶主戴巾帽（用丝绸布帛做成帽箍式或扁平状，有的还在上面绘有美丽的几何图案），身穿华服。商代女子的发式多上耸而向后倾，上面插有发笄（jī，簪子）。这种发笄大多是用兽骨做的，也有用竹木、象牙或宝玉等制成的。笄的上端大都刻有鸡、鸟、鸳鸯或几何图案。按照古代礼俗，贵族女子15岁时举行笄礼（就是盘发插簪），表示已经成人，可以结婚。古书上所说的"及笄""笄年"，就是指女子已经成年。据文献记载，这种笄男子同样可以用来簪发，并可因质地优劣而区分人的尊卑贵贱。（参见《左传·桓公二年》载："衡、纮、纭、綖，昭其度也。"）①

安阳殷墓出土的玉人立像

① ［晋］杜预.春秋经传集解［M］.上海：上海古籍出版社，1978：69.

商代贵族的服饰颇为考究。在河南安阳妇好墓出土的玉人中，有一个头戴卷筒式巾帽，身着华丽服装的男子。他将长长的辫发盘在头顶，戴一顶饰有圆箍形饰物的冠帽，身着布满云形花纹的交领衣服，腰里系着一条宽宽的带子，带子上端压在衣领的下部，衣长过膝，下身着裳。腹下还佩有一块上窄下宽的斧形饰物、［叫"黻（fǔ）"或"韦鞸（bì）"，类似后世的"蔽膝"］脚上穿着一双颇像一条翘头船式样的翘尖鞋。这很可能是当时贵族的形象。

二、周代礼服

夏商时期属于中国冠服制度的初创时期，还没有形成完备的形制。到了周代（公元前 11 世纪—前 256 年），中国社会由奴隶制过渡到封建制，随着封建制度的确立，中国的冠服制度也逐渐完善，成为统治者"昭名分，辨等威"的工具。为了掌管冠服制度的实施，统治者专门设置了"司服"的官职。对于这项制度，人们只能严格遵守，如果有谁"触易君命，革舆服制度"，就会被处以"劓（yì）刑"（割掉鼻子，《周礼·司刑》郑注引《尚书大传》）。

按照周代典章制度的规定，凡举行祭祀大典（包括祭祀天地、五帝，享先王、先公，飨射，祀四望山川，祭社稷等）以及朝会、大婚亲迎等，帝王和百官都必须身穿礼服。礼服由冕冠、玄衣和纁（xūn，一种红色）裳等组成，合称冕服。

冕冠，是帝王和百官参加祭祀典礼时所戴最尊贵的礼冠。成语"冠冕堂皇"，就是从冠冕非常尊贵庄重这个意义上派生的。冕冠，包括冕綖、垂旒（liú）、充耳等几个部分。冕綖，又称"冕版"，在冕冠的顶部，通常用木头制成，裱以细布，上面涂黑色，下面涂红色，前圆后方（隐喻天与地），前低后高，呈倾斜状，以表示俯伏谦逊；冕綖前后垂有旒，名垂旒，用五彩丝条作绳，上穿五彩圆珠，一串珠玉为一旒。帝王冕冠前后各12旒，用玉288颗，以表示王者不视非、不视邪的意思。后世"视而不见"一词即由此演绎而来。

冕綖下面是冠，古称冠卷。因为是用铁丝、漆纱、细藤等编织成圈，故得名。冠两旁各有一孔，用来穿插玉笄，与发辫拴结。另在笄的一端，系上一根丝带（名冠缨），从颔（hàn）下绕过，再系在笄的另一端，以固定冠。

在两耳处，还各悬垂着一颗珠玉，名"黈纩（tǒu kuàng）"，又名"充耳"或"瑱（tiàn）"。据说这有提醒帝王应有所不闻、不听信谗言的意思。珠玉在帝王行走时，会不断晃动，轻轻敲打帝王的耳部，以警醒其对谗言充耳不闻。

冕冠又分为大裘（羔裘）冕、衮（gǔn）冕、鷩（bì）冕、毳（cuì）冕、希冕、玄冕六种样式，合称"六冕"或"六服"。它们名称有别，功用和形制也不同。大裘冕是帝王祭天的礼服；衮冕是帝王祭祀先王的礼服；鷩冕是帝王和贵族祭祀先公、行飨射典礼所着礼服；毳冕是帝王和贵族遥祀山川的礼服；希冕，又作"绨冕"，为用于祭祀社稷的礼服；玄冕则专用于小型的祭祀活动。

按照礼仪规定，凡戴冕冠者，必须身着冕服。冕服的质地、颜色和图案不同，有等级的区别。如帝王冕服的玄衣是用黑色材料做成的上衣，纁裳是用浅红色材料做成的下裳。上衣绘有日、月、星辰、山、龙、华虫等六种图案；下衣绣有宗彝、藻、火、粉米、黼、黻（fú）等六种图案，合称十二章纹。[①]它们各自代表一定的意义。日、月、星辰，表示天子照临天下，像日、月、星辰那样光耀；山，象征王者镇重安定四方；龙，象征人君善于应机变化；华虫（一种雉鸟），表示王者有文章之德；宗彝（一种礼器），表示人主威猛而有智慧；藻（水草），表示洁净，象征王者有冰清玉洁的品格；火，表示王者率领百姓归顺天命的意思；粉米（白米），象征人君有济养众生之德；黼，画作斧形，表示王者善于决断的意思；黻，画作弓形，是相背的形象，表示王者善于明辨是非曲直，等等。总之，这一切都隐含有规劝人君的意思在内，同时也标榜君德的至高无上。

帝王在最隆重的场合穿绘有十二章纹的冕服，其他场合则视其重要程度而递减章纹，大体与冕旒的数目相应。如冠用九旒，则冕服用七章；冠用七旒，冕服则用五章，等等。另外，帝王在最隆重的场合还要足着赤舄绚（xì qú）履（一种用绸缎缝制而成、装有防潮木底、系带的红色鞋子）。在其他场合则要穿白色或黑色的舄。诸侯、卿大夫随同帝王参加祭祀大典，冕服所用章纹要随帝王所用章纹多少而递减。如帝王用十二章纹，公卿只能用九章，侯伯只能用七章，以此类推。

冕服还有一些附件：一是"韨（fú）"，即蔽膝，系在革带上面，垂至膝前，象征古代遮羞布，以表示不忘古的意思；二是"革带"，用皮革制成，用来系带和绶；三是"大带"（又称绅带），用丝织成，

---

① 据说从舜时开始，衣裳就有"十二章"之制（见《尚书·益稷》）。但对这十二种图案的理解并不一致。这里从汉代大儒孔安国之说。

用来束腰，下垂部分叫"绅"。后世因此而称有地位的人为"绅士"。
此外还有"佩绶"和舄等。冕服历代相沿，虽然不断有所变革，但大
体形制并未更易，始终被作为传统的法服。直至清朝入主中原，冕服
制度才被废止。

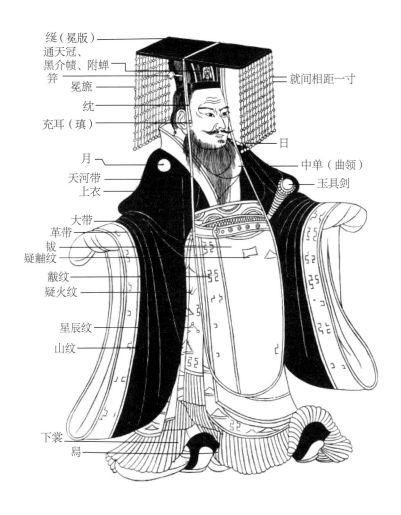

延（冕版）
通天冠、
黑介帻、附蝉
笄
冕旒
纮
充耳（瑱）
月
天河带
上衣
大带
革带
韨
疑黼纹
黻纹
疑火纹
星辰纹
山纹
下裳
舄

就间相距一寸
日
中单（曲领）
玉具剑

冕服图解

除冕服外，周代还有一种叫作弁服的礼服。它仅次于冕服，就是最早的朝服。据说因头上所戴为弁，故称。弁有爵弁、皮弁、韦弁、冠弁等多种形制。爵弁，又作"雀弁"，是仅次于冕的一种首服。它是士的最高等服饰，形制像冕，但冕綖没有倾斜之势，前后也没有旒，在綖下做两只手掌相合状，颜色也不是上黑下红，而是"雀头"色（一种红多黑少的颜色）。戴爵弁者，须上穿纯衣（丝衣，即玄衣），下着纁裳，但不加章彩文饰，前用韎韐（mèi gé，祭服上的蔽膝）代替冕服的韨。皮弁，为天子接受诸侯朝觐（jìn）或诸侯在朝及田猎等场合所戴。形状像翻倒的杯子，用白鹿皮缝制而成。在缝合处，缀有一行光闪闪的玉石，像星星一样耀目。所以《诗经·卫风·淇奥（yù）》有"会弁如星"的诗句。戴皮弁者，要上穿细布白衣，下着素裳，裳在腰中打裥（jiǎn），前系韦鞸。韦弁，用韎韦（用茅蒐草染成的赤色熟皮）制成，主要用于军事场合。执行军事任务时，

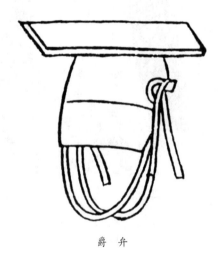

爵　弁

需戴赤弁，着赤衣、赤裳。其他场合，则用缘布作衣，下着素裳。冠弁，通称皮冠，为田猎和习兵事时所戴。戴冠弁者，须上穿缁（zī，黑色）布衣，下着积素裳（打褶的用白色无纹丝织物制作的下裳）。据《左传·昭公二十年》载：有一次齐侯在沛泽田猎，传令召见虞人（管理山泽的官吏）。虞人起初并未应召，后见齐侯戴起冠弁才进见。可知，不着冠弁是有违古礼的。虽卑微如虞人的小吏，也应以礼相待，不可轻侮。

周代还有一种叫作玄端的朝会之服。上自天子，下至于士，均可穿着。它大多用黑色布帛裁制，衣袂和衣长同一尺寸，无章彩纹饰，形制端庄方正，故名玄端。和玄端配套的首服是委貌冠。委貌冠与皮弁造型相似，用黑色绢缯（zēng）制作。

王后的服饰也有一定制度，共有袆（huī）衣、揄翟（yú dí，一作揄狄）、阙翟、鞠衣、展衣、褖（tuàn）衣等六种（见《周礼·天官·内司服》），都属于连衣裳。这六式衣服之所以不分上下，据说是意在表示女子的崇尚专一。前三种是王后伴随帝王参加各种祭祀大典时所穿的礼服，上面均画有翟（长尾雉鸡）形图案作为装饰，但颜色有玄、青、赤之别。鞠衣，是王后在养蚕季节到来时，用以祭告先帝所穿的黄绿色（如初生桑叶之色）礼服。展衣，又名襢（tǎn）衣，是王后礼见帝王、宴见宾客时所穿白色礼服。褖衣则为平日所穿黑色便服。在穿着这些服装时，为显示它们各自的色彩，还要衬以素纱［白色纱縠（hú）］。此外，王后在最隆重的场合还要以"副"（像汉代的假髻步摇）为首服，足着黑舄。至于其他贵妇的服饰，也定有具体制度，严格体现着等级差别。

三、周代常服

周代男子二十而行冠礼，即开始头戴冠帽，很少光头。不戴冠帽被认为是非礼和不敬，非士君子之所为。有些士人甚至把正冠视逾生命。《左传·哀公十五年》就记载了这样一件事：卫国发生内乱，孔门弟子子路在拒敌时冠缨被砍断。在这性命攸关的危急时刻，子路还说："君子死，冠不免。"竟放下兵器而结缨，结果被对方乘机杀死。

当时的冠帽除帽箍形之外，还有平形、尖形、月牙形及中间突出而两边翻卷等式样。大抵低而平的是普通人戴的，高而尖的是贵族阶层人士戴的。周代女子仍保持着辫发的发式。有将辫发绾成一个大髻，垂在脑后的；有将头发编成两条辫子搭在胸前的；也有在梳好发辫之后，另在辫梢上衔接一段假发，使其下垂至膝的。

周代服装的主要形式是上衣下裳制，适应当时家具陈设简单，通常赤脚席地跪坐，外出则乘坐马车等生活条件，仕宦的衣服样式比商代略有宽松。衣袖有大、小两种式样，衣领一般用矩领，裁作"丫"形。衣长大多到膝盖。在衣领和袖子边缘，有不同的花纹图案。衣用正色（青、赤、黄、白、黑等原色），裳用间色（两个以上正色调配而成的多次色）。

这个时期的服装还没有纽扣，一般在腰间系带。腰带仍然有两种：一种是用丝织物制成的大带（绅带）。官员上朝时，可以作插笏（hù，记事的手板）之用。古人常说的"缙绅"，意思就是把笏插在带间。到后世，"缙绅"逐渐演变为仕宦的代称。一种是用皮革制成的鞶（pán）

革（或称鞶带），作系鞸或悬挂佩饰之用。到了春秋战国时期，由于胡服的日渐流行，革带用途更为广泛，形制也愈益精巧。带上镶嵌着许多金银珠宝，带两端也用带钩［后用带镯（jué）］连接起来，成为"钩络带"。由于它结扎方便，逐渐取代了绅带。

西周常服

这个时期的衣服样式主要有四种：直裾单衣、曲裾深衣、襦裙、胡服。

直裾单衣[①]是当时流行很广的一种服式。在湖北江陵马山砖厂一

---

① 有人认为，称作"直裾襜褕"或"袍"较为恰当。因为它是上下通裁，并不同于上下分裁而又缝合为一的禅衣。见王宇清《中华服饰图录》，世界地理出版社1984年版，第27页。

号楚墓出土的战国中期的文物中可以看到其形制。[①] 它一般用正裁，即前身、后身及两袖各为一片，每片宽度与衣料的幅度大体相符。它的特点是右衽，交领，直裾。衣身与下摆均呈平直状，没有明显的弧度。领、袖、襟、裾都有一道边缘，袖端边缘大多用两种颜色的彩条文锦镶沿。它的质料有绢、罗、锦、绦、纱等多种。有的还在衣身用彩色丝线绣上猛虎、凤鸟、小龙等动物图案。

曲裾深衣

---

① 荆州地区博物馆.湖北江陵马山砖厂一号墓出土大批战国丝织品[J].文物，1987（10）.

曲裾深衣，有人称之为"绕衿衣"，是春秋战国时期出现的一种上下相连的服式。它简便适体，用途广泛，为社会各阶层人士（**不论贵贱男女、文武职别**）所喜尚穿着。它除上下连缀外，另一个特点是续衽钩边。这种服式改变了传统的在衣服下摆开衩的裁制方法，将左面的衣襟前后片缝合，后片加长（"**续衽**"），使它成为三角形，穿时绕到身后，再用腰带系扎。另在领、袖等主要部位缘一道厚实的锦边（"**钩边**"），以便衬出服装的骨架。它多用轻薄柔软的质料裁成。这种深衣的样式，在湖南长沙和湖北云梦等地出土的男女木俑及帛画上可以看到。

襦裙是一种在中山国中流行的服式。襦是一种短上衣，长至腰间，紧身窄袖；裙是裙子，由多幅布制成，上面多织有方格花纹，常与襦配穿。这种服式对后世中原地区汉族服饰的发展颇有影响。

胡服是北方少数民族的服装。这种服装与中原地区褒衣博带式的汉族服装差异较大。它一般由短衣、长裤和高筒靴组成，适应四处游牧的生活习俗，以衣身紧窄，左衽，下着满裆长裤，便于从事射猎、放牧为特点。自从公元前325年赵武灵王力排众议"易胡服"，胡服便渐渐流行开来。

周代王公贵族所着衣裳，一般都是用优质的丝绸制作的。平民百姓所穿则多为以兽毛或葛麻搓捻成线编织而成的褐衣。《诗经·豳（bīn）风·七月》所说"无衣无褐，何以卒岁"正道出了当时劳动人民忧心忡忡的凄苦情状。后世用"褐夫"一词作为平民百姓的代称，也是从这个意义上引申出来的。

佩玉为饰早在商代就已成为一种时尚。这从商代陵墓发掘出的大量形制丰富、制作精美的玉器佩饰上可以得到有力的证明。到了周代，人们更赋予玉器种种神秘的道德色彩，于是上自天子，下至士庶，无不习尚佩玉（称为"德佩"），并以玉的色泽来区分身份和等级，有所谓"天子佩白玉，公侯佩玄玉，大夫佩水苍玉，世子佩瑜玉，士佩瓀玟（ruǎn mín，似玉的美石）"（《礼记·玉藻》）之别。玉的造型不同，佩在身上的寓意也不一样。如《荀子·大略》所说："聘人以珪（guī，长条形、上端作三角状的玉器），召人以瑗（大孔的璧），绝人以玦（jué，环形、有缺口的玉器），反绝以环（圆形、中间有孔的玉器）。"玉佩除单独使用者外，还有组佩，即将若干件不同造型的玉佩用彩线穿组成串系挂在腰间。而在组佩中，最为贵重的是用于祭祀等重大场合的大佩（具体形制说法不一）。挂上大佩，行走起来，由于玉器的相互碰撞，会发出悦耳的铿锵声响。人们用此来节制步履的缓急，以体现对礼俗的尊重。这就是古人所乐道的"鸣玉而行"。此外，当时人们还常在腰侧佩挂刀、创（qià）、削、镜、巾帨、印章等实用物品（称为"事佩"）。

四、周代鞋履

周代的鞋履除上面提到的舄之外，还有履、屦（jù）、屩（jué）、鞋、靴等形制。履是鞋的总称。凡作为礼服的鞋，均可称为履。舄是履中最尊贵的，通常用葛布或皮革等材料作面，用布或木料制成双层底，以颜色区别等差。屦是一种用麻或葛等材料制成的薄底便鞋。一般为官宦家居时所穿。官宦外出时则穿屩。屩，又叫"屣（xǐ）"，是一种用菅草或棕麻等编成的鞋，以轻捷、便于走路为特点。《孟子·尽心上》所说："舜视弃天下，犹弃敝屣也。""敝屣"指的就是破草鞋。

鞋，是一种装有高帮的便履。有的用皮革制作，有的用丝或麻制成。靴是高筒的皮履。它源于西域，是胡服的一个组成部分，最早由战国时的赵武灵王引进。它适宜于乘骑，利于小腿部分的保暖，长期用于军旅。按照当时的礼俗，臣下见君主时，必须先将履袜脱掉才能登堂，不然就是失礼。《左传·哀公二十五年》就记载有这样一个故事：一次卫国君主与诸大夫饮酒，褚师声子未脱袜就登上了席子。卫侯见了大怒。褚师声子辩解说，自己脚上生了疮，怕让君侯看见恶心。卫侯听后更加生气。褚师声子惧怕责罚，只好赶快逃走。

五、周代戎服

为了保护自己，消灭敌人，人们基于长年征战攻伐经验的积累，发明了专门用于护体的服装，这就是戎服。它主要由两部分组成：用于保护头部的叫胄［zhòu，又称首铠、兜鍪（móu）、头盔、头鍪］，用于保护身体的叫甲（有肩甲、胸甲、腿甲等）。

周代的戎服也有其特色。周代以前，士兵的战甲多用犀牛、鲨鱼等动物的皮革制成，上面绘有彩色图案。周代除沿用皮甲外，已出现"练甲"和"铁甲"。练甲产生稍早，多用缣帛夹厚棉制成，属于布甲一类；铁甲出现于战国中期，因为它颜色黑，又称"玄甲"。它的前身是青铜甲（一种简单的胸甲。甲的四周有孔，可以钉缀在皮甲或布甲之上，与之配合使用）。从河北省易县燕下都44号墓出土的实物来看，当时人们已知道用铁片制成鱼鳞或柳叶形甲片，穿组连缀成甲衣，以便于四肢活动，有效地抵御敌人的攻击。也有在甲外身披外衣（名"衷甲"）的。

兜鍪有几种形制。有用小块铁片编缀成一顶圆帽的，有用青铜浇铸成各种兽面形状的，等等。有的还在铜盔顶端竖起一根铜管，用来插鹖（hé）尾、鸟翎等饰物。它们表面都经过打磨，比较光滑，但里面多粗糙不平。因此，头戴兜鍪必先裹上头巾。古代礼俗，在战场上，士兵见长官时要"免胄"，否则就会被视为不敬。

秦汉服饰

第三章

公元前 221 年，秦始皇吞并六国、建立了我国历史上第一个中央集权的国家后，为巩固统一，相继建立了各项制度，包括衣冠服制。秦始皇崇信"五德终始"说[1]，自认以土德得天下，崇尚黑色。他常服通天冠，废周代六冕之制，郊祀时只着"袀（jūn）玄（玄衣纁裳）"（《后汉书·舆服志》）；妃嫔在夏季戴芙蓉冠子，披浅黄红罗衫；皇太子常服远游冠，百官戴高山冠、法冠和武冠，穿袍服，佩绶。

汉代秦（公元前 206 年）之后，对秦朝的各项制度多"因循而不革"（《汉书·百官公卿表》）。随着社会经济的迅速发展和科技文化的长足进步，汉初出现了繁荣昌盛的局面。地主阶级统治地位业已巩固，追求奢靡生活的欲望日益强烈。加上与周边国家在经济与文化上交流的不断扩大，以及国内各民族间来往的逐渐加多，

---

① 又称"五德转移"说，为战国时期阴阳家邹衍所创，指水、火、木、金、土五种物质德性相生相克和终而复始的循环变化。

汉代的服饰也较前丰富考究，形成了公卿百官和富商巨贾竞尚奢华、"衣必文绣"、贵妇服饰"穷极丽美"的状况。

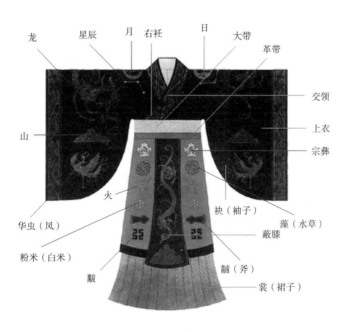

龙　星辰　月　右衽　日　大带　革带

交领

上衣

宗彝

山

火　袂（袖子）　藻（水草）

华虫（凤）　蔽膝

粉米（白米）　黼（斧）

黻　裳（裙子）

汉代冕服

东汉永平二年（59），"博雅好古"的明帝适应进一步完善封建典章制度的需要，在他的主持下，糅合秦制与三代古制，重新制定了祭祀服制与朝服制度，冠冕、衣裳、鞋履、佩绶等各有严格的等级差别，从此汉代服制确立下来。

一、冠与帻

汉代以冠帽作为区分等级的主要标志，主要有冕冠、长冠、委貌冠、武冠、法冠、进贤冠等几种形制。按照规定，天子与公侯、卿大夫参加祭祀大典时，必须戴冕冠，穿冕服，并以冕旒多少与质地优劣以及服色与章纹的不同区分等级尊卑。长冠，又名齐冠，是一种用竹皮制作的礼冠，后用黑色丝织物缝制，冠顶扁而细长。相传为汉高祖刘邦微贱时仿照楚冠创制，故又称"刘氏冠"。委貌冠，形制与皮弁相似，有些像翻倒的杯子，用帛绢制成。这两种冠均为参加祭祀的官员所戴。武冠，又名"鹖冠"。鹖，俗名野鸡，性好争斗，至死不退，用作冠名，以表示英武，为各级武官朝会时所戴礼冠。又因为它的形状像簸箕，造型高大，也称"武弁大冠"。皇帝侍从与宦官，也戴插着貂尾、饰有蝉纹金珰（dāng）的武冠。法冠，又称"獬豸（xiè zhì）冠"。獬豸是传说中的神羊，能分辨是非曲直。它头顶生有一个犄角，见人争斗，就用犄角抵触理屈者，故为执法者所戴。又因为它通常用铁作冠柱，隐喻戴冠者坚定不移，威武不屈，也称"铁冠"。进贤冠为文吏儒士所戴。冠体用铁丝、细纱制成。冠上缀梁，梁柱前倾后直，以梁数多少区分等级贵贱（**如公侯三梁，中二千石以下至博士二梁，博士以下一梁**）。此外，还有通天冠、远游冠、建华冠、樊哙冠等冠式。关于樊哙冠的由来，相传有这样一段趣事：刘邦攻破咸阳，驻军灞上。项羽设宴鸿门，图谋杀害刘邦，消除对手。席间，"项庄拔剑舞，其意常在沛公（刘邦）"（《史记·项羽本纪》），情势十分危急。汉将樊哙于是急忙撕下衣襟，裹起铁盾，顶在头上，权充冠帽，仗剑破门而入，解了刘邦此厄。从此，仿樊哙所戴制成冠式，便得了"樊哙冠"的美名。

秦朝时，巾帕只限于军士使用。到了西汉末年，据说因王莽本人秃头，怕人耻笑，特制巾帻（zé，*有些像便帽*）包头，后来戴巾帻就成了风气。还有人认为用巾帻包头也与汉元帝刘奭（shì）有关。据说刘奭额发粗硬，难以服帖，不愿让人看见，被说成不够聪明，平日常用巾帻包头。结果上行下效，以巾帻包头便流行开来。巾帻主要有介帻和平上帻两种形式。顶端隆起，形状像尖角屋顶的，叫介帻；顶端平平的，称平上帻。身份低微的官吏不能戴冠，只能用帻。达官显宦家居时，也可以摘掉冠帽，头戴巾帻。东汉末年，王公大臣头裹幅巾更是习以为常。像中军校尉袁绍这样的高级将领，也不惜弃朝冠而裹头巾以求轻便；蜀汉丞相诸葛亮这样的元老重臣，也甘愿舍弃华冠而头戴纶巾（*以细密的丝绢制成*），手摇羽扇，指挥三军，以求潇洒悠闲，令司马懿不得不叹服。

二、男服

秦汉时男子的常服为袍。这是一种源于先秦深衣的服装。原本仅仅作为士大夫所着礼服的内衬或家居之服。士大夫外出或宴见宾客时，必须外加上衣下裳。到了东汉，袍才开始作为官员朝会和礼见时穿着的礼服。它多为大袖，袖口有明显的收敛。袖身宽大的部分叫袂（mèi），袖口紧小的部分叫祛。衣领和袖口都饰有花边。领子以袒领为主。一般裁成鸡心式，穿时露出里面的衣服。此外，还有大襟斜领，衣襟开得较低，领袖用花边装饰，袍服下面常打一排密裥的，有时还裁成弯月式样。另外，袍不光是夹的，还有填棉絮的冬装。具体又分为纩（kuàng）袍（*用新丝绵之细而长者絮成*）与缊（yùn）

袍（用旧丝绵或新丝绵之粗而短者絮成）等。御史或其他文官穿着袍服上朝时，右耳边上还常簪插着一支白笔作装饰（**由准备记事转化而来**），名"簪白笔"。官员平时多穿禅（dān，即单衣）衣。禅衣是一种单层的薄长袍，没有衬里，用布帛或薄丝绸制作。这时期的袍服大体可以分为两种类型：一是直裾，一是曲裾。曲裾就是战国时的深衣，多见于汉朝初年。这种样式不仅男子可穿，也是女装中最常见的式样。这种服装通身紧窄，下长拖地，衣服的下摆多呈喇叭状，行不露足。衣袖有宽有窄，袖口多加镶边。衣领通常为交领，领口很低，以便露出里面的衣服。有时露出的衣领多达三重以上，故又称"三重衣"。直裾，又称襜褕，为东汉时一般男子所穿。它的衣襟相交至左胸后，垂直而下，直至下摆。它是禅衣的变式，不是正式礼服，隆重场合不宜穿着。据《汉书·外戚恩泽侯表第六》记载，汉武安侯田恬就曾因为赶时髦，"衣襜褕入宫"，被武帝视为"不敬"，而招致免爵除国。

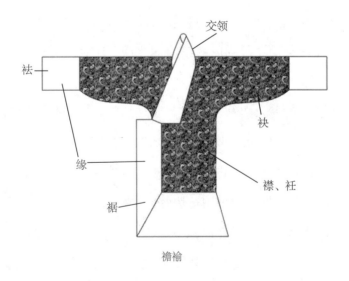

交领

袪

袂

缘

襟、衽

裾

襜褕

　　秦汉时男子的短衣类服装主要有内衣和外衣两种。内衣的代表服装是衫和褙（bó）。衫，又称单襦，就是单内衣，它没有袖端（**没袖的叫汗衣，形状像今天的马甲**）。褙，是夹内衣，外形与衫相同，又称"短夹衫"。此外，还有帕腹（**横裹在腹部的一块布帛**）、抱腹（**在帕腹上缀有带子，紧抱腹部，即后世俗称的兜肚**）、心衣（**在抱腹上另加"钩肩"和"裆"**）等只有前片的内衣，以及前后两片皆备，既当胸又当背名为"两当（**意为遮拦**）"的内衣。平民男子也有穿满裆的三角短裤"犊鼻裈"的，据说是因为形状像牛犊的鼻子而得名。《史记》中就记载有汉代大辞赋家司马相如偕同卓文君私奔，在成都街头开设酒铺，"自著犊鼻裈，与保庸杂作，涤器于市中"的史实（**《史记·司马相如列传》**）。

　　外衣的代表服装是襦和袭。襦是一种着棉絮的短上衣。因其长仅及膝，所以必须与有裆裤配穿。当时的显贵多用纨（**细而白的平纹薄绢**）作裤，故有"纨裤"之称。后来，这个词逐渐演变成了浪荡公子的代名词。袭，又称褶，是一种不着棉絮的短上衣。

　　汉代也实行佩绶制度。达官显宦佩挂组绶。组，是一种用丝带编成的装饰品，可以用来束腰。绶是用来系玉佩或印纽的绦带。有红色、绿色、紫色、青色、黑色、黄色等颜色。它是汉代官员权力的象征，由朝廷发放。按照规定，官员外出，必须将官印装在腰间，用皮革或彩锦做成的鞶囊之内，将印绶露在外面，向下垂搭，即所谓"怀黄金之印，结紫绶于要（**腰**）"（**《史记·范雎蔡泽列传》**）。于是人们就可以根据官员所佩绶的尺寸、颜色及织工的精细程度来判定他们身份的高低了。

三、女服

汉代女子的礼服仍以深衣为主。只是这时的深衣已与战国时流行的款式有所不同。其显著的特点是，衣襟绕转层数加多，衣服的下摆增大。穿着这种衣服，腰身大多裹得很紧，且用一条绸带系扎腰间或臀部。还有一种服装叫"袿（guī）衣"，样式大体与深衣相似。因为它在衣服底部由于衣襟绕转形成两个上宽下窄形状像刀圭的装饰，故而得名。此外，汉代女子也穿襦裙。汉乐府诗《陌上桑》中有句云："头上倭堕髻，耳中明月珠。缃绮为下裙，紫绮为上襦"，就是对一个身着襦裙的美丽采桑女的形象写照。这种裙子大多用四幅素绢拼合而成，上窄下宽，呈梯状，不用任何纹饰，不加边缘，因此得名"无缘裙"。它另在裙腰两端缝上绢条，以便系结。这种襦裙长期为中国女子服饰中最主要的形式。东汉以后穿着的人虽一度减少，但魏晋开始重新流行后，历久不衰，一直沿袭到清代。汉代女子也有穿裤的，但大多仅有两个裤管，上端用带子系扎。后来宫中女子有穿前后有裆的系带裤名"穷（意思是不通）裤"的，传到民间，逐渐为人们所仿效。

四、梳妆

汉代女子以梳高髻为美。童谣所说："城中好高髻，四方高一尺。

城中好广眉，四方且半额。"虽有些夸张，但犹可窥知汉朝时尚。《鲁元公主外传》就有孝惠皇后张氏"云髻峨峨（高耸的样子），首不加冠而盘髻如旋螺"的记载。女子的髻式很多，有堆在头上的，有分向两边的，有抛在脑后的。发髻的编梳，一般是由头顶中分为二，然后将它们各自编成一束，再从下朝上反搭，绾成各种式样。其中最负盛名的是椎髻和堕马髻。椎髻因为形状与洗衣用的木椎十分相似而得名。堕马髻相传为东汉贵戚梁冀的妻子孙寿所创造。它下垂至背，侧在一边，看似从马上刚刚堕下，因而得名。孙寿梳着这种发髻，与她那画得细而弯曲的"愁眉"、在眼睑薄薄擦上一层油脂的"啼妆"等装扮相配合，更加妩媚动人。此外，汉代女子还有把发髻盘成各种式样，并在髻后垂一绺头发，名"垂髾（shāo）"或"分髾"。贵妇还常在头上插步摇作装饰。这是一种附在簪钗之上的首饰，上面饰有金玉花兽，还有五彩珠玉下垂。因行走时随着步履摇动，故名。也有头戴珠翠花钗，耳垂上插腰鼓形耳珰的。汉乐府《孔雀东南飞》对焦仲卿妻刘兰芝的美貌这样形容："足下蹑（niè，踩）丝履，头上玳瑁（dài mào）光，腰若流纨素，耳著明月珰。"奴婢则多用巾子裹头。汉代女子画眉施黛已成风气。眉上施黛，以求艳丽；面上敷粉，以求白皙；颊上涂朱，以求红润。当时的男子也有"胡粉饰貌，搔头弄姿"（《后汉书·李杜列传·李固》），以女性化为美的。这种风气蔓延至魏晋时期尤甚。曹操的女婿何晏，为取悦女人竟以服药美化容貌，并常"服妇人之服"（《晋书·五行志》）。

五、鞋履

汉代的履主要有三种：一种是用皮革制成的，也叫鞜（tà）；一种是上有裱饰花纹的织鞋，即锦履。"建安七子"之一的刘桢（字公幹）在《鲁都赋》中就曾做过这样的形容："纤纤丝履，灿烂鲜新，表以文组，缀以朱蠙（pín，蚌珠）"（《刘公幹集》），可见其华美高贵；一种是麻鞋，也叫"不借"。除单鞋外，还有复底鞋，就是舄和屐。屐是用木头制成的，下面装有两个齿，形状与今天日本的木屐相似。也有用帛作面的称作帛屐。屐比舄稳当轻便，多用于走长路时穿。女子出嫁，常穿绘有彩画、系有五彩丝带的屐。

上：歧头丝鞋；下：麻鞋

六、戎服

秦朝士兵的铠甲，多用整片皮革或厚实的织棉等材料制成。上面缀有金属或犀牛皮做的甲片。甲片是活动的，主要用于双肩、腹前、腰后和领口，上面并绘有彩色花纹。这从陕西临潼出土的秦兵马俑形象上可以清楚看到。另一种是用正方形（或长方形）甲片编缀起来，甲片是固定的，主要是用于胸前和背后，穿时从上套下，再用带钩扣住，里面衬上战袍。前一种为指挥人员所穿，后一种为普通士兵所穿。甲衣的样式因穿着者所属兵种和身份不同，结构繁简也不一样。

到了汉代，随着强弩机制作的日益精良和功效大增，甲胄也有所改良。铁制铠甲已开始普及，穿铁甲逐渐成为制度。这从陕西咸阳杨家湾出土的彩绘武士陶俑身上可以看到。这些武士俑的铠甲表面都涂着黑色。它的形制大体可分为两类：一类是扎甲，就是采用长方形片甲，将胸背两片甲在肩部用麻绳或皮带系连，或另加披膊，这是骑士和普通士兵的装束；另一类是用鳞状的小型甲片编成，腰带以下和披膊等部位，仍用扎甲形式，以便于活动，这是武将的装束。

魏晋南北朝服饰

第四章

　　魏晋南北朝时期（220—589），由于战乱不断，王朝更迭频繁，经济遭到破坏，社会生活的各个方面受到严重影响，人们的礼法观念变得淡薄，衣冠服饰也发生了显著的变化。魏晋时期的服饰，基本上承袭秦汉旧制。南北朝时期的服饰出现了一种各民族间相互吸收、逐渐融合的趋势。一方面，一些少数民族政权的执政者，受到汉族传统文化的熏染，仰慕峨冠博带式的汉族服饰，热心提倡穿着汉族服装，以至于形成"群臣皆服汉魏衣冠"的状况。北魏孝文帝元宏为表明是华夏正统文化的继承者所推行的汉化运动，禁胡语、胡服，就是一个典型例子。另一方面，由于战祸连年，天灾和瘟疫肆虐，广大北方人民被迫背井离乡，远徙南方，出现民族错居杂处的状况，形成一种民族间相互影响、生活习俗日渐融合的趋势。汉族男子开始穿起紧身窄袖短衣、蹀躞（dié xiè，**有环和加饰金银**）腰带和长筒皮靴的胡服；汉族女子的服装样式也由褒衣博带、上长下短变成紧身适体"上俭下丰（**上短小，下宽大**）"。从而出现了深衣形制在民间渐渐消失、胡服在中原地区广为流行的局面。关于这一时期服饰的特点，晋人葛洪在《抱朴子·外篇·讥惑》中有过如下概括："丧乱以来，事物屡变，冠履衣服，袖袂财（裁）制，日月改易，无复一定，乍长乍短，一广一狭，忽高忽卑，或粗或细，所饰无常，以同为快，其好事者，朝夕仿效，所谓京华贵大眉，远方皆半额也。"可见，这是一个追求新奇时髦、款式层出不穷、奇装异服盛行的时代。

一、冠与帻

用一块帛巾包头（"幅巾束首"），是这一时期主要的首服。这从南朝大墓砖印壁画《竹林七贤与荣启期》及《北齐校书图》、《高逸图》等名画中的人物形象上可以清楚看到。这些隐逸之士，每人头上裹的都是帛巾。

冠帽的形制颇具特色。汉代的巾帻这一时期虽然还在流行，但已有变革。如将帻后加高，中呈平型，体积逐渐缩小至头顶之上，称平上帻，或"小冠"。在小冠上加以笼巾（平顶，两边有耳下垂，下面用丝带系扎），则称为"笼冠"。因为它是用黑漆细纱制成的，又称"漆纱笼冠"。后世的乌纱帽就是由它演变而成的。这种冠男女通用，是当时的主要冠式。此外，还有卷檐似荷叶的卷荷帽，附有下裙的风帽，有高顶形如屋脊的高屋帽，尖顶、无檐、前有缝隙的帢（qià）以及突骑帽、合欢帽等形制。帢则是魏武帝曹操亲自设计并率先戴用的。由于当时战祸频仍、资材匮乏，他以缣帛替代鹿皮，制成皮弁的样式，定名为颜帢。经由他的提倡，这种首服很快在朝野流行开来。

据说，晋凉州刺史张轨临终，还叮嘱入葬时给他戴一顶白帢就可以了，足见时人对帢的喜爱。

二、男服

这个时期，人们改变了古人服袍外罩衣裳的习惯，去掉衣裳直接以袍衫作为外服。服装朝着宽松、舒适的方向发展。男子的主要服装为衫。衫分单、夹两种式样，与秦汉时的袍服不同。它不受衣袪的约束，袖口宽大，多用纱、縠绢（绉纱一类丝织品）、布等制成，为上自王公贵族、下至平民百姓所普遍喜穿。这种大袖宽衫之所以会风行一时，按照鲁迅先生的说法，是和当时的名士喜欢服用一种名为"五石散"的药有关。据说这种药可以强身健体，益寿延年。但由于药中含有紫石英、白石英、石硫黄等矿物质，有剧毒，吃下后产生巨大的内热，皮肤会发烧，必须"散发"。因此，非穿宽大的衣服不可。结果，"一班名人都吃药，穿的衣都宽大，于是不吃药的人也跟着名人把衣服都宽大起来了"①。当时的名士，在魏晋玄学和道教崇尚虚无、注重旷远、追求放达思想影响下，由于个性的觉醒，还喜欢乘高舆、披鹤氅裘，或袒胸露怀、散发赤足，以表示不受世俗礼教的羁束。书圣王羲之东厢坦腹而卧，根本没把太尉郗鉴择婿放在心上，结果竟被挑中；扬州从事顾和停车在州门口，见到朝中重臣周颉路过仍扪虱不为所动，因而受到周颉的大力举荐，这两则趣事正足以反映时人心态和社会习尚。

① 鲁迅. 而已集·魏晋风度及文章与药及酒之关系 [M]. 北京：人民文学出版社，1958：84.

远游冠、大袖宽衫（晋·顾恺之《洛神赋图》局部）

　　北方少数民族男子的服饰，主要是裤褶和裲裆。裤褶是由战国时流行的一种胡服改革加工而成。汉魏之际主要用于军队。这时期虽还作为戎装，但已成为民间普遍穿着的便服。它由褶衣和缚裤两部分组成。褶衣紧而窄小，长仅至膝盖。它有多种样式，仅衣袖就有宽、窄、长、短之别。至于衣襟形式，大多采用对襟。有的还把衣服的下摆裁成两个斜线，两襟相掩，在中间形成一个小小的燕尾，很是别致。它有的用布缣绣彩，有的用锦缎裁成，有的用兽皮缝制。裤褶的束腰多用皮带，达官显宦还镂以金银作为装饰。裤褶是用锦缎红带截为三尺一段，在膝盖处将宽松的裤管扎住，以便活动。北朝以后还出现过褶裥缚裤的形式。

裲裆是一种只有胸背两片的服装，用布帛缝制而成。两片在肩部用皮制的褡襻（dā pàn）连缀起来，腰间再用皮带扎束。这种服装既可着于内，又可着于外，有棉有夹，后世沿袭了很久。"背子"和"马甲"就由它演变而来。

裲裆衫（南北朝文侍俑）

三、女服

汉族女子的服饰，魏晋时期沿袭秦汉旧俗，有衫、裤、襦、裙等形制。南北朝以后逐渐有所变化。初期，女子所着衣衫多为对襟，衣袖宽大，并在袖口缀有一块颜色不同的贴袖。所着长裙，式样很多，色彩丰富，有间色裙、绛纱复裙、丹碧纱纹双裙等。腰间有帛带系扎。有的还在腰间缠一条围裳，用来束腰。此外，在一些女子中间，还有穿一种名叫杂裾垂髾女服的，这是深衣的一种变式。它的特点是在服装上饰有"襳（xiān）髾"。所谓髾，是指在衣服的下摆部位固定的一种饰物。它一般用丝织品制成，上宽下尖，形如三角，并层层重叠；所谓襳，是指从围裳伸出来的飘带。由于飘带较长，走起路来牵动下摆的尖角，像燕子飞翔。晋代著名画家顾恺之依据曹植《洛神赋》所作《洛神赋图》中女神穿着的就是这种服装。它衣袂飞舞，飘带翔动，真堪称"奇服旷世"（**曹植《洛神赋》**）。到了南北朝时，人们将飘带去掉，加长尖角的"燕尾"，使二者合为一体。

衫裙、围裳（晋·顾恺之《列女传图经》）

北方少数民族女子，除穿着衫、裙外，还有穿裤褶和裲裆的。只是女子与男子有所不同，裲裆最初多穿在里面，后来才罩在衫袄之上。穿裤褶的女子，头上多戴有笼冠。有的同时还身着裲裆，与当时的男子一样装束。

四、梳妆

这一时期汉族女子的发式也很有特点。在一些贵族女子中间，曾流行一种名叫"蔽髻"的发式。它实际上是一种在髻上插有金银首饰的假髻。这种假髻大多很高，有时无法竖起，只好搭在眉鬓两旁，与蓬松的鬓发相配，造成一种雍容华贵的特殊效果，所以有"缓鬓倾髻"（《晋书·五行志》）的说法。命妇的假髻所用饰物有严格规定，按金钿多少区分等差。随着假髻的盛行，人发供不应求，假髻的价格

①假髻　　　　②双鬟（huán）髻　　　　③飞天髻

相当昂贵，贫家女子无力置办，只好向人求借，故时有"借头"之说。①
而东晋名士陶侃之母早年因家贫无力待客，忍痛剪下自己秀发卖钱沽
酒这类逸事，也正是在这样的环境下才能产生。②

魏文皇后甄氏所梳"灵蛇髻"也曾名噪一时。据《采兰杂志》记
载，甄氏被纳入魏宫后，常看到一条绿蛇在其寝宫中爬来爬去。每当
甄氏梳妆，它便盘作一团，出现在甄氏身边。甄氏感到很奇怪，于是
就模仿它盘绕的形状梳成各种髻式。结果，发髻巧夺天工，每日不同，
深得天子的喜爱和妃嫔的欣羡。

当时的普通女子除将头发绾成各种各样的髻式外，也有借用假髻
来增加魅力的。但其结构比较简单，且不能使用金钿首饰。还有不少
女子模仿西域少数民族女子，将头发绾成单鬟或双鬟髻式，高耸在头
顶之上。也有梳丫髻或螺髻的。南朝时，受佛教人物衣着打扮影响，
女子多在发顶正中分出髻鬟，梳成上竖的环式，因而有"飞天髻"之
称。此外，还有在额部涂黄（名"额黄"）、眉心点圆点（名"花
钿"）及鬟边或胸前插鲜花、腕上戴手镯，或用金银、玳瑁做成斧、
钺、戈、戟等形状充当笄来作装饰的。

五、鞋履

这一时期的鞋履，与秦汉时大抵相同。但质料更加考究，制作更
为精良，形制也特别丰富。它的一个特点是增加了文彩，即或在鞋面

---

① ［唐］房玄龄，等.晋书·五行志［M］.北京：中华书局，1974：826.
② ［唐］房玄龄，等.晋书·陶侃传［M］.北京：中华书局，1974：1768.

绣上彩色花纹，或是将金箔剪成花样，粘贴或缝缀在鞋帮上面。如南朝诗人在《河中之水歌》中所吟咏的："头上金钗十二行，足下丝履五文章。"其光鲜艳丽可以想见。另一特点是履头形式多样。或制成圆头，或制成方头，或制成歧头，或制成笏头，可谓"日变月易"，花样翻新。再一个特点是采用了厚底，出现了用木块或以多层布片、皮革缝纳而成的高底鞋"重台履"等。当时，对履的颜色也有规定：士卒、百工用绿色、青色、白色；奴婢、侍从用红色、青色。

穿笏头履的六朝女子

由于与服药有关，"吃药之后，因皮肤易于磨破，穿鞋也不方便，故不穿鞋袜而穿屐"[1]；加上穿屐显得潇洒飘逸，与魏晋名士的放荡不羁正相吻合，着屐也非常盛行，还出现了登城攻战的特制铁屐和便于登山的活齿木屐。后者就是传为南朝著名诗人谢灵运所创制的"谢公屐"。据《宋书·谢灵运传》载，出身于大贵族的谢灵运，由于政治上不得志，终日寄情于山水之间。他常穿着木屐登山，上山去掉前齿，下山去掉后齿，非常便捷。"脚著谢公屐，身登青云梯。半壁见海日，空中闻天鸡。"李白这首《梦游天姥吟留别》中所提到的就是这种活齿屐。

六、戎服

由于战争连年不断，争夺政权的斗争此起彼伏，人们对武器装备更加重视。加上炼铁技术的提高，钢开始用于武器，这一时期的甲胄也有很大改进。铠甲的形制主要有三种：

一是筒袖铠。这是常用的铠甲，在东汉铠甲的基础上发展而来。它是用小块的鱼鳞纹甲片或者龟背纹甲片穿缀成圆筒形的甲身，前后连接，并在肩部配有护肩的筒袖，因此得名筒袖铠。穿筒袖铠的人，一般头上都戴有护耳的兜鍪，项上饰有长缨。

二是裲裆铠。这是南北朝时期通行的戎装。它的形制与当时流行的裲裆相近。前后两大片，上用皮襻连缀，腰部另用皮带束紧。所用

---

[1] 鲁迅. 而已集·魏晋风度及文章与药及酒之关系 [M]. 北京：人民文学出版社，1958：84.

材料大多为坚硬的金属和皮革。特别讲究的也用金丝。据《秦书》所载，那个在淝水之战中大败而逃的秦王苻坚，所着"金银细铠"就是"镂金为线"编织而成的。铠甲的甲片有长条形与鱼鳞形两种，以鱼鳞形较为常见。穿这种甲的，一般里面都衬有厚实的裲裆衫，头戴兜鍪，身着裤褶。北朝乐府民歌《企喻歌辞四首》对武士就做过这样的描写："放马大泽中，草好马着膘。牌子铁裲裆，冱鍪（hù móu，可能是头盔）鸐（dí）尾条。"①

筒袖铠

①　北京大学中国文学史教研室.魏晋南北朝文学史参考资料［M］.北京：中华书局，1962：374.

三是明光铠。这是一种在胸背之处装有金属圆护的铠甲。圆护大多用铜、铁等金属制成，并且打磨得精光锃亮，就像一面镜子。穿着它在太阳下作战，会反射出刺目的"明光"，令敌人眼花缭乱，头昏脑涨，故而得名"明光铠"。《周书·蔡祐传》就记有蔡祐身着明光铁铠，冲锋陷阵，所向披靡，被敌人视为"铁猛兽"而四散奔逃的逸事。这种铠甲的样式很多，繁简不一。有的仅是在裲裆的基础上前后各加两块圆护，有的则配有护肩、护膝，复杂的还配有数重护肩。身甲大都长至臀部，腰间系有革带。

唐、五代服饰

从隋开国经唐到五代十国，历经 380 年，随着政局的变动和经济、文化、生活条件的改变，人们的衣着穿戴也发生了一系列的变化。

从杨坚建立隋朝到杨广被绞死，隋朝只存在了 37 年。隋炀帝杨广于公元 605 年继位后，建立隋代服制，帝王将相各着其服。"隋代帝王、贵臣多服黄纹绫袍，乌纱帽，九环带，乌皮六合靴"（刘肃《大唐新语》）。隋炀帝令百官平民不得用黄色服装，于是黄袍成为隋代以后历代帝王专用服装，黄色便成了皇帝专用的服色。隋炀帝荒淫无度，在民间大选宫女以供享乐。宫女们争奇斗艳，上有彩珠映鬓，下有锦缎裹身，以求得宠，形成服饰艳丽之风。

唐代衣冠服饰承上启下，博采众长，是我国古代服饰发展的重要时期。据史书记载和考古发掘证明，唐代纺织业很发达，能生产绢、绫、锦、绝（shī）、罗、布、纱、绮、绸、褐等。丝织品花色繁多，光彩夺目，为服饰制作提供了丰富的材料。唐代的绞缬（xié）①织物，有小簇花样，如蝶，如梅。染色工艺还有"夹缬""蜡染"，产品花样翻新，琳琅满目。唐代艺术园地绚丽多彩，山水画、人物画，驰名中外，高超的艺术造型和独特的审美观念给当时的服饰设计创造了优越的条件。唐代服饰的特点是：官服质地款式更加讲究，幞头形制富于变化，品色衣形成制度，胡服颇为盛行，女服艳丽多彩。

五代十国时间较短，服饰大体沿用唐制，但首服有些变化。

一、官服

唐代皇帝服饰类品繁多，有大裘冕、衮冕、通天冠、翼善冠、武弁、白帢等14种。大裘冕是皇帝祭祀天地时穿戴的礼帽和礼服。礼帽，外表黑色，里面浅红色，帽缨为丝织，帽两边悬着的黄绵对着双耳。礼服，外表由缯制成，黑羊羔皮镶边，里面为浅红色，领子、袖口为黑色，朱袜赤舄，身带鹿卢剑，白玉双佩。衮冕是皇帝登位、祭庙、征还、遣将、纳后、元日受朝贺、临轩册拜王公时的着装。衮冕中的礼帽，垂白珠12旒，大红丝组带为缨。上衣深青，下裳大红，绣有12章纹。通天冠（形似卷云，又叫卷云冠）是皇帝郊祀、朝贺、宴会时的首服，它比以往的通天冠质地精良，有24梁，附蝉12首，加珠翠、金博山（山形饰物），以黑介帻承冠，用玉、犀簪导。贞

---

① 绞缬：一种染帛方法，唐代最为盛行。其法：先描花纹，以线缝之；俟后绞起，再以线缝。这样入染，有线缝处不受色，呈现种种花纹，称为绞缬，也叫染缬。

观八年（634），唐太宗开始戴翼善冠。翼善冠因冠缨像"善"字得名。在元日、冬至、朔、望视朝时，皇帝戴翼善冠，穿白练裙襦。在讲武、出征、狩猎时，戴武弁。有大臣去世，则服白帢，即着白纱单衣，乌皮履。

黑纱翼善冠

皇后在受册、助祭、朝会时穿袆衣，服饰图案为翚（huī）雉（**五彩的野鸡**）；季春之月，躬亲蚕事的典礼，穿鞠衣；宴见宾客，则着钿钗礼衣。把周代王后的六衣简化为三衣。

皇太子谒庙、纳妃时着衮冕；还宫、元日、朔日入朝戴远游冠（**状如通天冠，有展筒横之于前**）；五日常朝、元日、冬至受朝穿公服；视事及宴见宾客，戴乌纱帽；朔望视事着弁服；乘马时着平巾帻（《新唐书·车服志》）。

唐代群臣服饰多达20余种。一品官服为衮冕。冠有九旒，青纩充耳，青衣纁裳，绣有九种图形，朱袜赤舄，金玉饰剑镖首。二品官服为鷩冕。冠有八旒，青衣纁裳，绣有七种图形，朱袜赤舄，银装剑。三品官服为毳冕。冠有七旒，衣裳绣有五种图形，朱袜赤舄，佩金饰剑。四品官服为绨冕。冠有六旒，衣裳绣有三种图形，朱袜赤舄，佩金饰剑。五品官服为玄冕。冠有五旒，青衣纁裳。综上所述，不难看出，官位越高，冠旒越多，衣裳图形越复杂，佩剑的质地也越好。

唐代官员平时穿的服装圆领袍衫，通常用有暗花的细麻布制成，领、袖、襟加缘边，在衫的下摆近膝盖处加一道横襕，故又称"襕衫"。据说，这道横襕是唐代中书令马周建议加上的，以示不忘上衣下裳的祖制。武则天时流行一种新式服装，即在不同职别官员的袍上绣有不同的图案。文官袍上绣飞禽，颇具文雅气质，武官袍上绣走兽，呈现勇猛气魄。这可能是明代补服的发端。唐代低级官吏常着青袍，也称青衫。杜甫诗："青袍朝士最困者，白头拾遗徒步归。"（《徒步归行》）白居易诗："座中泣下谁最多，江州司马青衫湿。"（《琵琶行》）这里的"青袍""青衫"指的都是徒有虚名的闲职或下级官吏。

唐代官吏的礼帽，名目较多。文武官吏、三老五更[①]都戴进贤冠。三品以上三梁，五品以上两梁，九品以上及国官一梁。"良相头上进贤冠，猛将腰间大羽箭"（杜甫《丹青引赠曹将军霸》）写的就是唐代文武官员的服饰。亲王戴远游冠，有三梁，近似进贤冠。唐代官吏戴幞头较为普遍。幞头即包头软巾，也叫折上巾，有四条带，两带系于脑后下垂，两带反系头上，令其曲折附顶。唐代幞头由汉代

---

① 三老五更：古代设三老五更之位，以养老人。三老五更各一人，皆年老更事致仕者，天子以父兄养之，示天下之孝悌。

巾帻演变而来，以罗代缯，把四脚改成两脚。两脚左右伸出，叫"展脚幞头"，为文官所戴；两脚脑后交叉，叫"交脚幞头"，为武官所戴。皇帝用硬脚上曲，人臣用硬脚下垂。唐代中叶，二脚稍翘，系裹幞头，里面加衬物"巾子"。"巾子"形状决定幞头的造型。唐代"巾子"历经四次变化。开始为"平头小样"，呈扁平状，没有明显的分瓣，即唐高祖、太宗、高宗时的巾子。接着是"武家诸王样"，样式比"平头小样"高，顶部出现明显的分瓣，中间部分呈凹势。因由武则天创制，赏赐给诸王近臣，故称"武家诸王样"。再后是"英王踣（bó，倾倒）样"，出现于景龙四年（710），它比"武家诸王样"更高，头部略尖，左右分成两瓣并明显地朝前倾倒。开元后，人们嫌表示"倾倒"的巾子不吉祥，逐渐改成"官样巾子"。它比"英王踣样"还高，左右分瓣，形成两个球状，但不前倾。因系唐玄宗赐给供奉官及诸司官吏，故称"官样"（《旧唐书·舆服志》）。唐代官吏的毡帽较厚，而且坚固。据说，唐宪宗元和年间，裴晋公早朝时，突然有人持刀行刺，刀子刺进帽檐，由于他戴的是厚毡帽，才免遭杀身之祸。

唐代文武官员都穿靴。当时，不仅有皮靴，还有麻靴。"唐马周以麻为之"[①]（高承《事物纪原》），指的就是麻布制的靴。到南唐时，出现了一种比较讲究的"银缎靴"。

唐代官吏按品级不同分别佩带金、银、铜制的鱼符。这是金属鱼形的符信，装在袋里，这种袋叫鱼袋。鱼符上面刻有姓名，分成两爿（pán），一爿在朝廷，一爿自带。如有迁升，以鱼符相合为证。

[①] 马周，字克明，京兆杜陵（今陕西西安东南）人。唐初大臣。唐太宗时，累官至尚书右仆射，与房玄龄共掌朝政，订定各种典章制度。

它也是出入宫廷的凭证。鱼符质料因官阶不同而不同。三品官以上佩金鱼符，五品官以上佩银鱼符。到了天授二年（691），改为佩龟，三品官以上龟袋饰金，四品官龟袋饰银，五品官龟袋饰铜。中宗以后，又恢复鱼符。

唐代的革带不用带钩，而用带扣板扣结。带上装有带铐（kuǎ），这是一种方形饰片，依官职品阶不同饰片质地有所区别。二品官以上用金铐，六品官以上用犀铐，九品官以上用银铐。

二、民服

唐代民服与官服相比，不仅质地相差悬殊，而且款式单调。读书人未进仕途时穿麻衣，即白袍。新科进士也穿白袍，因此有"袍似烂银文似锦"（五代王定保诗）的形容。广大劳动人民的衣着相当粗糙和简朴。一般平民穿褐衣，有长有短。麻布襕衫为士人所服，它是较长的衫，下加一道横襕，与襕袍相似。唐代的短袄，是一种内衣，任意用色，后来有所规定。还有一种长袄，宽窄不同。

唐代农民，田间劳作时戴笠子帽，穿本色麻布衣。他们穿的衫子，两旁开衩较高。唐代猎人，戴毡帽，穿圆领开衩齐膝衣，着麻鞋。"孤舟蓑笠翁，独钓寒江雪"（柳宗元《江雪》）描绘了唐代渔翁的衣着。蓑是蓑衣，即用草或棕编织而成的雨衣。笠是斗笠，即用竹篾、竹叶编织而成的帽子。唐代船夫，戴斗笠，着小袖短衣，高开衩的缺胯衫子，半臂（也称"半袖"），束腰带，长裤，穿草（或麻）鞋。

江南盛产芒草，人们多用它编织草鞋，这种鞋轻便耐水。据说，成都居士朱桃椎曾织十芒屝在路边摆摊出售。由于它用料柔细，环结紧密，颇受顾客欢迎，人们闻讯纷纷前来购买。

唐代男子、女子都穿木屐。李白诗："一双金齿屐，两足白如霜。"（《浣纱石上女》）"屐上足如霜，不著鸦头袜。"（《越女词五首》）这都是对女子穿木屐的描写。

三、女服

唐代女服和男服比较，服色较为鲜艳，款式变化多，更讲究穿着后的线条美。女服主要有襦、裙、衫、帔等。女子着小袖短襦；有的裙长曳地；有的衫的下摆裹在腰里。肩上披着长围巾一样的帔帛。诗人孟浩然曾经这样描写唐代女子的长裙："坐时衣带萦纤草，行即裙裾扫落梅。"（《春情》）可见当时女性何等潇洒。

令人注目的是，唐代女子服饰薄、透、露的程度前所未有。敦煌壁画 329 窟一个执花跽（jì）坐的少妇，身着罗衫，两乳隐然可见。永泰公主墓壁画中的侍女、丰顼（xū）墓所绘贵妇人、懿德太子墓石刻宫廷女官，都袒胸露乳。韦洞墓壁画一个少女，身穿轻罗衫，实为半裸。据《旧唐书·舆服志》记载，唐高宗永徽年间（650—655）、咸亨年间（670—674）曾两次下诏禁止改变女子服饰样式，但"初虽暂息，旋又仍旧"。唐高宗不事朝政，武则天掌握大权。她不拘一格，鼓励人们开阔思路，重视女子，于是女服式样又多了起来。盛唐以后，女衫衣袖日趋宽大，衣领有圆的、方的、斜的、直的，还有鸡心领、袒领。袒领，即袒露胸脯。"粉胸半掩凝晴雪"（方干《赠美人》）就是对袒领衣着的描绘。唐代女服薄、透、露的特点，集中反映在贵妇人或宫廷歌妓、侍女身上，着装本人是一种感情上的宣泄，而宫廷君臣对她们的观赏，显然为感觉上的满足。

有些女服非常艳丽，五颜六色，纹饰变化繁多。女子裙色有红、紫、黄、绿等，最流行的是红色裙。唐代女子也穿褶裙，它的由来已久。据说，汉代赵飞燕被立为皇后，非常喜欢穿裙子。一天，她身着云英紫裙和汉成帝同游太液池（在今陕西省西安市长安区西），正当她在乐曲声中翩翩起舞时，大风骤起，她被吹得像燕子般飞上空中。成帝急忙命令侍从拉住她的裙子。她得救了，裙子却被拉出许多皱纹。这时，人们发现有皱纹的裙子更加美丽。于是，宫女们都喜欢做成有许多皱褶的裙子，起名"留仙裙"（见东晋葛洪《西京杂记》）。

唐代贵族女子最名贵的衣着还有百鸟裙、花笼裙。百鸟裙是用多种鸟的羽毛捻成线同丝一起织成面料而制成的裙子。据说，中宗女安乐公主令尚方（主造宫廷器物的机构）汇集百鸟羽毛织成二裙，由于观赏角度、光亮程度不同，它的颜色可以变换：正面看为一种颜色，侧面看又是一种颜色，日光下是一种颜色，暗影中又是一种颜色，百鸟之状全部显现。制成这种裙子，工费"巨万"。自从安乐公主的百鸟裙出现以后，"贵臣富家多效之，江岭奇禽异兽毛羽采之殆尽"（《新唐书·五行志》）。花笼裙是用一种细软轻薄半透明的丝织品单丝罗制成的花裙，再用金银线及各种彩线绣成花鸟图形，是罩在裙子外面的一种短裙。还有一种衣着颇具特色，这从敦煌莫高窟壁画晚唐供养人①形象上可以看到。她的上衣为米红色，绘有深紫大红花，蓝、绿叶子，灰色飞鸟，白色兽加灰色爪、目、尾。袖端缘条有蓝绿花。裙腰束得很高。裙色与上衣颜色相近。花与叶，蓝绿相间。浅绿色腰带。深紫色履，白底。供养人的这种衣着，把飞禽走兽的图案结合于一身，大红、大绿成鲜明对比，呈现出不拘一格的独特风采。

晚唐女服（敦煌壁画供养人）

———————

① 供养人，佛教称供献神佛或设饭食招待僧人的人。

唐代丝履特点是履头高翘，女履尤为明显。这在陕西乾县唐永泰公主墓出土的石刻及新疆吐鲁番阿斯塔那唐墓出土的帛画上都有反映。唐代女子的丝履有方头、圆头，还有卷云状、花丛状。

四、胡服

唐代是胡服兴盛的时代。首都长安是当时世界著名的都会，是东西方经济、文化交流中心，和唐朝交往的国家很多。长安居民除了汉人之外，还有回纥人、龟兹（qiū cí）人、日本人、新罗人、波斯人。内地汉人与西北各少数民族、东西方各国人民交往也相当频繁。如果说以往的服饰大交流多是南北向的，那么，唐代服饰大交流主要则是东西向的，别开生面，更具特色。这是由于唐代水陆交通相当发达。唐代繁荣的经济、发达的文化，对东西方诸国来说具有极大的吸引力。因此，这种服饰文化的交流成为历史的必然趋势。

从唐代出土文物（**尤其是绘画、雕塑等**）来看，唐代女子穿的胡服多为锦绣帽、窄袖袍、条纹裤、软锦靴等。上衣多为对襟、翻领、窄袖，袖口、领子、衣襟多缘上一道宽锦边。胡服中的幂䍠（lí）有两种形制：一种为大幅方巾，用轻薄透明的纱罗制成，披体而下，遮盖全身；一种以衣帽相连类似斗篷一类的装束。这种服装可能与阿拉伯的服饰有关。由于西北风沙很大，人们远行骑马用它围裹身体可以遮蔽风尘。有人认为，只有女子远行时才着幂䍠，以免男人窥视。也有人认为，它是男女通服。日本东京国立博物馆收藏的唐人绘画《树下人物图》，图中一个女子左手高举摘掉蒙在头上的面幕。这种面幕用黑色布帛制成，长度约在胸际，左右各缀一根飘带垂至腰间，面部开有圆孔以便目视。这是戴幂䍦的女子形象。到唐高宗时，汉族女子戴帷帽的增多，逐渐代替幂䍦。《新唐书·车服志》说："初，女子施幂䍦以蔽身，永徽（唐高宗年号）中，始用帷帽。"帷帽是一种高顶宽檐，檐下垂一个丝网的帽子。它比幂䍦更具优点：一是戴摘方便，不像幂䍦那样从头蒙到胸前，二是外形比较美观，三是缀在帽檐上的丝网随时可以撩起。废幂䍦兴帷帽，反映了唐代女子摆脱束缚、追求自然、讲究实用的意识。到武则天时，不论宫女还是民妇，骑马外出多戴帷帽。真可谓"帷帽大行，幂䍦渐息"（《旧唐书·舆服志》）。

戴幂䍦的唐代女子

关于胡服的传播过程，有关专家认为，唐代胡服可分为前期和后期。前期胡服直接来自西域，间接来自波斯，其服饰特点是头戴浑脱帽，身着圆领或翻领小袖衫，条纹卷口裤，脚穿透空软底锦靿（yào）靴。浑脱帽是一种以乌羊皮制成的毡帽，高顶，尖而圆。后期胡服来自吐蕃（bō），主要指时世妆。其特点是女子蛮鬟椎髻，双眉作八字低颦（pín），脸上敷金粉，唇涂乌膏。唐代白居易对时世妆描绘道："小头鞵履窄衣裳，青黛点眉眉细长。外人不见见应笑，天宝末年时世妆。"（《上阳白发人》）唐代胡服、胡妆同胡乐、胡舞、胡食盛行一时，给当时的宫廷生活增添了许多乐趣，给社会生活充实了许多内容。据史书记载，常山愍王李承乾被唐太宗立为皇太子，居东宫时，"使户奴数十百人习音声，学胡人椎髻，剪采为舞衣……鼓鼙（pí，一种鼓）声通昼夜不绝"（《新唐书·常山王传》）。

浑脱帽（敦煌壁画）

五、梳妆

梳妆可以显示一个女性的气质和风采。唐代女子很注重头饰，发髻名目繁多，有云髻（朵云状发髻）、半翻髻（形状宛如翻卷的荷叶）、反绾髻、峨髻等。女子们的环钗是用来衬垫发髻的，用银制成，表面鎏金，中部为叶形薄片，叶的尾端分成两股，弯成椭圆形，故称环钗。

唐代的峨髻

唐代簪花风尚驰名中外。敦煌莫高窟唐代壁画上的女子，头上簪有数朵美丽的鲜花。唐代画家周昉的《簪花仕女图》中的五位女子，身披轻纱，头绾高髻，髻上簪有特大的花朵。有的簪真花，有的簪假花。唐代杨国忠任右丞相时，杨氏兄妹极端骄奢。杜甫《丽人行》"头上何所有？翠微匎（è）叶垂鬓唇"中的"匎叶"，即髻上的花饰。可见，当时的贵妇人是极其讲究发上花饰的。据说，唐玄宗每年十月幸临华清宫，杨国忠姊妹五家扈从。每家为一队，着一色衣，五家合队照映，如百花盛开。

唐代的步摇与汉魏时期有较大不同，多用金玉制成鸟形，鸟口衔有珠串，随着人体运动而摇动。杨贵妃的金步摇，最为精美。它是唐明皇派人从丽水取来上等材料，由名师精心雕琢而成。

唐代女子注重面饰。有钱、有势、有闲的女士，讲究面孔打扮。有的女子脸上敷铅粉，有的涂胭脂。用丹脂涂脸颊，色如锦绣，叫绣颊。有的额上画有鸦黄，眼眉处用黛（青黑色颜料）绘出各种样式，总称黛眉。盛唐女子盛行阔眉，也称桂叶眉，用黛色淡散晕染，把眉毛画得又短又阔，略成八字形。独具特色的花钿（diàn），又叫五彩花子、媚子、花钗，一般用金箔、纸、鱼骨、鲥（shí）鳞、蜻蜓翅膀、茶油花饼制成，做工精巧，色彩缤纷，以红、黄、绿为主，有圆形、尖形、花形及各种对称形，把它贴在额间、鬓角、两颊、嘴角。还有一种颇具特色的面饰妆靥，指的是在女子面颊上用丹青、朱红等颜料绘出各种图形，如月形、钱形等。唐代李贺诗"入苑白泱泱，宫人正靥黄"（《同沈驸马赋得御沟水》）描写的正是这种女子面部美化妆饰。有的妆靥是画贴结合，多作两颗黄豆般的圆点，有的女子喜欢用浅绛色点唇，这就是"故着胭脂轻轻染，淡施檀色注歌唇"。据说，我国古代甘肃祁连山盛产红蓝花，匈奴人称祁连山为焉支山。古人把焉支山上的花制成膏汁、粉类，用来化妆。

唐代女子染指甲，古籍多有记载。张祜在诗中形容："十指纤纤玉笋红，雁行轻遏翠弦中。"（《张处士诗集》）据说，古人养蜥蜴，喂朱砂使它变红，将它捣碎，用红汁点染指甲。

六、戎服

唐代武官戴武冠。服装当时有裤褶之制、裲裆之制、螣（téng）蛇之制。所谓裤褶之制，即上着褶（**一种短衣**）下缚裤，便于骑乘。这种装束，五品官以上，用细绫及罗制成，六品官以下，用小绫制成。三品官以上服紫色，五品官以上服绯色，七品官以上服绿色，九品官以上服碧色。裲裆之制：其一当胸，其一当背，短袖覆膊。螣蛇之制：以锦为表，中实为绵，犹如蛇形。

唐代的戎装，还有袍（**将军、军士均用**）。延载（694）以后，在将帅袍服上绣有雄狮、猛虎、飞鹰等图纹，以示武将的勇猛气质。当时军队有一半以上配有铠甲。在"一川碎石大如斗，随风满地石乱走"的边塞要地，"将军金甲夜不脱"（**岑参《走马川行奉送封大夫出师西征》**）；在"北风卷地白草折，胡天八月即飞雪"的塞外疆场，"都护铁衣冷难着"（**岑参《白雪歌送武判官归京》**）。可见，边防线上的官兵日夜铠甲不离身，他们为守护疆土而常备不懈。铠甲的种类多达十几种。据《唐六典》记载，最著名的是明光铠。它以十字形甲带系结在胸前，左右各有一块圆护和肩缀披膊。腰下部左右各有一块"膝裙"，小腿各加一只"吊腿"。有的在铠甲前身左右两片上，各在胸口处装有圆形护镜，铠甲背部连成一片。前后两甲在肩部用带扣相连。两肩披膊作两重，上层作虎头状，烘托出猛虎般威风的气势。中宗时，甲的形制又有变化，披膊作龙头状，以示为君王效忠的决心。还有绢布甲，是用绢帛之类的纺织品制成的，结构轻巧，造型美观，但不具有防御能力，多为武将、侍卫平时服饰，以显示皇家军队的威严。

唐代戎服

唐代也实行佩剑制。当时佩剑有金装剑、苍玉剑等，有只佩、双佩等品级规定。皇帝佩鹿卢玉具剑，皇太子、侍臣佩剑也相当普遍。朝廷上百官走动，佩剑摆动作响，威风凛凛。还有一种剑代表至高无上的权威，即上方（也作尚方）宝剑。它是皇帝御用宝剑，亲信大臣得到它，有权先斩后奏。

七、五代服饰

五代自后梁开平元年（907）至南唐交泰元年（958）历经50余载，服饰大体沿袭唐制。但也有不同，即幞头巾子变化明显。"五代帝王多裹朝天幞头，二脚上翘。四方僭位之主，各创新样，或翘上后反折于下；或如团扇、蕉叶之状，合抱于前。伪孟蜀始以漆纱为之，湖南马希范二角左右长丈余，谓之龙角，人或误触之，则终日头痛。"（《幕府燕闲录》）唐、宋二代幞头样式不同，中间经历了五代时期的转型样式。后唐李存勖（xù）即位后，尚方进御巾裹，有圣逍遥、安乐巾、珠龙便巾、清凉、宝山、交龙、太守、六合、舍人、二仪等数十种。南唐韩熙载在江南造轻纱帽，人称"韩君轻格"。这种巾式，上不同唐，下不同宋，比宋代东坡巾要高，顶呈尖形。

南唐的女裙也自有特点。韩熙载任中书侍郎时，广蓄歌伎，日夜宴饮。后主命画家顾闳中夜至其第窥伺，顾回来后凭记忆绘成《韩熙载夜宴图》，描绘了五代时期姬伎歌女夜宴的场面。我们从中可以看到当时女性的服饰特点。她们的发式具有唐宋之间的转变形式，其裙束得比唐代的低，裙带较长，披帛比唐代的窄长。

　　前蜀建立者王建喜欢戴大帽，但又担心因与众不同，外出时会暴露自己，不够安全，于是下令平民百姓都戴大帽，形成举国上下戴大帽子的风尚。他的儿子王衍自制夹巾（一作尖巾），其状如锥，庶民都来效仿，晚年竞尚小帽，称之"危脑帽"。

　　有些古怪的事物发展为时尚，而趣味也随之变化。女子缠足，可能起于五代。五代时，南唐皇帝李后主有个宫女用帛缠足，足形弯如月牙儿。她在六尺高的金制莲花上轻盈起舞，很受李后主的宠爱。此后，缠足之风愈演愈烈，残害中国女子达千年之久。"金莲"便成了女子小脚的代名词，但从事沉重体力劳动的广大女子常常是不裹足的。

宋代服饰

第六章

　　宋代崇尚礼制，冠服制度最为繁缛。宋代初年，朝廷参照前代衣服式样规定了皇帝、皇太子、后妃、诸臣、士、庶人的服式。后来，三番五次修改，直到宋亡，一直未停。宋代官府设有专门作坊从事各种绢帛、丝织品的生产。北宋都城设有绫锦院，征调手艺精湛的工匠织作锦、罗、绔、縠、绫、绝等高级丝织品，以供皇室及朝廷官吏制作服饰的需要。绫锦院发展到拥有 400 台织机。许多州、府也有专门机构，从事各种织物的织作。欧阳修曾用"孤城秋枕水，千室夜鸣机"的诗句来形容婺（wù）州东阳（今浙江东阳）丝织业繁荣的景象。从服饰所需物质条件上看，宋代不亚于唐代，但宋与唐相比，服饰款式少有创新，而且色彩单调，向质朴、洁净、自然的方向倾斜。这可能是由于两方面的原因：一是宋王朝国内阶级斗争尖锐，加上辽、金相继南下，战争连绵，火与血给现实生活带来灾难。尤其是南宋，半壁江山，风雨飘摇，岁月难熬。权贵们只望苟延残喘，无意在服饰上煞费苦心。一是宋代晚期程朱理学影响较大，它主张"天理是至善的，人欲是万恶的"，存天理，必然灭人欲，对人们的思想有所钳制。看来，一个时代的服饰特点和当时的社会文化存在十分密切的关系。

宋朝曾三令五申禁止胡服传入，但是，实际上胡服在中原有增无减；到了南宋，胡服流传更广。可见，服饰文化是个相当复杂的社会现象，它涉及人类学、历史学、心理学、生理学、艺术等诸多因素，不是简单的官方命令所能左右的。

一、官服

宋代皇帝服饰有大裘冕、衮服、通天冠、绛纱袍、履袍、衫袍、窄袍、御阅服。大裘冕是祭祀昊天上帝时的礼服。大裘，用黑羔皮制成，领袖用黑缯。冕，无旒，前圆后方，前低后高，玄表朱里，以缯制成。衮服是祭祀宗庙、朝太清宫、受册尊号、元日受朝、册皇太子时的衣着。衮服为青色，绣有日、月、星辰、山、龙、雉、虎蜼（wěi，一种长尾猿）七种图形，红裙绣有藻、火、粉米、黼、黻五种图形。冕有十二旒，二纩，并贯珍珠，冕版用龙鳞锦表。通天冠是大祭祀、大朝会、大册命、亲耕籍田时的首服。宋代通天冠与唐代的有所不同，它是用辽东产的北珠镶嵌。虽说也是 24 梁，加金博山，但它是用金或玳瑁制成蝉形嵌在冠上。冠高、宽均为一尺，青表朱里。与通天冠相配的绛纱袍，用云龙红金条纱制成，红色袍里，黑色袖口。履袍是大礼完毕还宫、乘大辇时的便装，以绛罗制成，因着履，故称履袍。如穿靴，则称靴袍。履、靴都用黑皮。衫袍是大宴时的衣着，有赭黄、淡黄、红色等颜色。窄袍用于平时理政时。御阅服是皇帝的戎服，为骑马阅兵时的着装。综上可知，皇帝在不同场合着装不同，祭祀时要求庄重，理朝时要求神圣，巡视时要求便捷，阅兵时要求威武，无一不体现至高无上的权威。

皇太子服饰有衮冕、远游冠、朱明衣、常服。衮冕是祭祀时的礼服。冕，青罗表，绯罗红绫里，饰金银钑[1]（sà）花，前后白珠九旒，二纩贯水晶珠。衮服，青罗衣绣有山、龙等图形，红罗裳绣藻、粉米等图形。远游冠为受册、谒庙时的首服，有18梁，青罗表，饰金银钑花。朱明衣与远游冠配套而用，它是用红花金条纱制成的，里为红纱。常服为皂纱折上巾，紫公服，配犀金玉带。不难看出，皇太子服饰是"准皇帝"的衣着。中国古代封建社会皇帝是世袭制，皇太子服饰特点（**特有的质料，特有的图案，特有的款式**）反映了这种特殊关系。

宋代诸臣服饰，名目繁杂。

宋初，诸臣祭服为衮冕。其中的九旒冕套装为：涂金银花额，犀、玳瑁簪导，青罗衣绣山、龙、雉、火、虎蜼五种图形，绯罗裳绣藻、粉米、黼、黻四种图形，绯罗靴或履。这是亲王、中书门下的衣着。七旒冕套装为：犀角簪导，衣绘虎蜼、藻、粉米，裳绘黼、黻。这是九卿的衣着。五旒冕套装为：青罗衣裳，无花纹，铜装佩剑。这是四品官、五品官献官时的衣着。朱罗裳是六品官以下的着装。冕旒越多、图案越繁，官位越高。

百官礼服有鷩冕、毳冕、绨冕、玄冕。鷩冕是宰相的衣着，冕有八旒（**每旒八玉**），三彩，青纩。衣为青黑罗制成，绣有华虫、火等，

---

① 钑，钑镂，用金银在器物上嵌饰花纹。

裳为纁表罗里，绣有藻、粉米图形。毳冕是六部侍郎的衣着。冕有六玉，三彩。衣绣虎蜼、藻、粉米图形，裳绣黼、黻。絺冕是光禄卿、监察御史、读册官、举册官的衣着。冕有四玉，二彩。衣绣粉米图形，裳绣黼、黻。玄冕是光禄丞、奉礼郎的衣着。冕无旒，无佩绶。衣纯黑，无纹，裳刺黼。可见，旒、玉的多寡，标志着官位的高低。

百官服色也有变化。宋初规定，三品以上服紫色，五品以上服朱色，七品以上服绿色，九品以上服青色。元丰年间有所改变：四品以上服紫色，六品以上服绯色，九品以上服绿色。服色趋于简化，四种变成三种。

帝王百官穿着形制繁杂的朝服，披披挂挂，冬天尚可，夏日闷热。据说，宋代有一个丞相在盛夏穿朝服上朝，差点儿闷死在朝廷大殿里。因发生此事，宋代一度规定，容许百官在盛夏不穿朝服朝见。宋代士大夫主要着深衣、紫衫、凉衫、帽衫、襕衫。襕衫多以白细布制成，圆领大袖，下裳腰间有襞（bì）积①。进士、国子生、州县生多着此服。

宋代君臣对服饰的华丽有所顾忌，他们认为用珍奇的禽兽羽毛来美化自己有伤自然，违背仁政。大观元年（1107），郭天信提出废除翡翠（指一种鸟的蓝色、绿色羽毛）装饰。徽宗说："先王之政，仁及草木禽兽，今取其羽毛，用于不急，伤生害性，非先王惠养万物之意，宜令有司立法禁之。"（《宋史·舆服五》）南宋淳熙年间（1174—1189），朱熹建议制定祭祀、冠婚之服，"凡士大夫家祭祀、冠婚，则具盛服。有官者幞头、带、靴、笏，进士则幞头、襕

---

① 襞积，亦作襞襀、襞积，衣服上的褶子。

衫、带，处士则幞头、皂衫、带，无官者通用帽子、衫、带"（《宋史·舆服五》）。这种服饰设计方案，竭力趋向质朴，比较符合理学"革尽人欲，复明天理"的宗旨。

服饰是"无声语言"的一部分。它通过使用可见的但又没有言语的象征来传播信息。因而，古人在冕冠上作了许多文章。宋代吏冠中的进贤冠、貂蝉冠、獬豸冠都各有独特的内涵。进贤冠用漆布制成，冠额上有镂金涂银的额花。冠后有"纳言"（帻巾），以示忠正。罗制冠缨，垂于颔下打结，用玳瑁（或犀角）制成簪导横贯冠中，通过发髻起牢固作用。冠梁银地涂金。这是二品以上高官朝会的首服。貂蝉冠也叫笼巾，用藤丝织成，表面涂漆，正方形，左右用细藤丝编成两片蝉翼。冠的前部有银花，上部缀玳瑁蝉，左右各有三只小蝉，衔玉鼻，左插貂尾。据说，貂象征"内劲而外温"，蝉象征"居高食洁"。这是中书门下的首服。獬豸冠，即法冠，冠上涂碧粉，梁数依品级而定。獬豸，取其"能触邪佞"之意。这是御史大夫、中丞的首服。

幞头也是宋代官吏的首服。上自皇帝，下至普通官员，在朝会、处理公务时，要穿礼服，戴幞头。这种幞头多用藤或草编织巾里，外面用纱，涂漆。它与唐代幞头相比，有所改进，以直脚为多。起初两脚左右平直展开，后来两脚伸展加长。有的簪以金、银、罗、绢的花卉。官吏也戴头巾。依款式而论，有圆顶巾、方顶巾、琴顶巾等；依质料而论，有纱巾、绸巾等；依人名命名而论，有东坡巾、程子巾、山谷巾等。东坡巾原为宋代文豪苏东坡所戴。它有四墙，墙外有重墙，比内墙稍窄些，前后左右各以角相向，戴时则有角，处在两眉间。有人曾这样描写:"麻衣纸扇跦(tā)两屐,头戴一幅东坡巾。"(杨基《赠许白云》)这是个典型的宋代文人形象。

宋代官吏佩"带",以质地不同区分职位高低。皇帝、皇太子佩玉带,大臣佩金带,还有银、犀、铜、铁之类,各有等差。有时,皇帝把玉带赏赐臣下。神宗熙宁六年(1073),熙河路告捷,宰相王安石率群臣到紫宸殿祝贺,神宗皇帝解下白玉带赏赐。熙宁八年(1075),岐王颢、嘉王頵(jūn)获得方团玉带。元丰五年(1082),神宗下诏:三师(太师、太傅、太保,正一品)、三公(太尉、司徒、司空)、宰相、观文殿大学士等,佩金球文方团带,佩鱼。所谓佩鱼,就是按品级不同分别佩带金、银制成的鱼,作为饰物。宋代规定,着紫衣者(高级官吏)带金鱼,着绯衣者(中级官吏)带银鱼,都系在带上而垂于后。京朝官、幕职州县官赐绯紫衣者,也佩带。亲王武官、内职将校都不佩。

二、民服

我们从古代史学家、文学家、艺术家的作品中可以考察特定时代的社会生活及人们的服饰特点。《宋史》关于宋代服饰的记载要比《新唐书》关于唐代服饰的记载详尽得多,而且引述了若干皇帝诏书的片段,揭示了不少服饰发展走向的社会背景。北宋张择端的《清明上河图》展现了北宋京城(今河南开封)东门外汴河两岸清明时节各阶层居民生活的情景,反映了当时的社会风尚习俗:有的黎民,头戴巾,上穿袄,下穿裤,忙忙碌碌;有的百姓,头戴斗笠,上着衫,下着裤,四处奔波。"士农工商诸行百户衣巾装着，皆有等差"（吴自牧《梦梁录》）。北宋汴梁人的衣着：卖药的、卖卜的，都具冠带；士、农、工、商各具本色，有的戴帽穿背子①，有的穿衫束角带（孟元老《东京梦华录》）。行业不同，衣着有别。我们从他们的服饰特征大体可以知道他们从事何种职业。

宋代男子，上身以穿圆领袍衫为主。此外还有凉衫、紫衫、毛衫、葛衫、襕衫、鹤氅等。凉衫披在外面，因色调是白的，属于冷色，故称凉衫。紫衫，形制较窄，本为戎服，后来士大夫也穿。窄袖紫衫前后开衩，便于骑马。凉衫较宽大，紫衫较短窄。凉衫，男女均用。由于凉衫浅白，又多用于吊丧。宋孝宗薨，即令群臣服凉衫赴丧。毛衫，用羊毛织成；葛衫，用葛麻织成。二者因质地不同而得名。襕衫属于袍衫的形制，近于官服，与大袖常服相似，白色，其下前后裾加缀一横幅。"品官绿袍，举子白襕"（《玉海》）中的"白襕"指的便是宋代举子（被举应试的士子）身着的白襕衫。与襕衫形制相近的有鹤氅，较为宽大而披在外面。苏东坡诗句"试看披鹤氅"即是形容宋代文人、山野人士的衣着。

此外，有一种长袍，袍长至足，有表有里，里面有棉絮，因为它长，也称长襦，有宽袖广身的和窄袖紧身的。有官位的，穿锦袍；平民百姓，穿布（或麻、或棉）袍；未有官位的文人，穿白袍。衲袍是质地粗糙而较短的袍子。劳动人民多着襦、袄。襦有袖头，长度通常至膝盖，有夹的、有棉的，多衬在里面。袄与襦区别不大，多穿在外边。靖康之乱时，有些士大夫常以绮罗到民间换取粗布袄裤，以躲

---

① 背子：类似今日的背心。

避金人抢掠。短褐是粗麻布制成的衣着，为贫困百姓常用。因其身狭袖小，又称之"筒袖襦"。宋代邵康节多次拒仕，"遂作隐者之服，乌帽、绦、褐，见卿相不易也"。可见，宋代隐者穿褐衣。在宋代，男女均着背子，其质地区别极大：男子穿背子的有皇帝、官吏、仪卫、士人、商贾；女子穿背子的有后、妃、家居女子、歌乐女子等。宋代还流行一种名为膝裤的胫衣，罩在膝下脚上，男女均用，贫富均着。据说，南宋秦桧在朝为相，高宗对他时有防范；秦桧死后，高宗松了一口气，对臣下说："朕今日始免膝裤中置匕首矣。"

三、女服

宋代女服要比男服款式多，服色种类也多。从宏观上看，宋代女子夏穿衫，冬穿袄，衣着特点是上淡下艳。上衣服色一般是淡绿、粉紫、银灰、葱白等，以清秀为雅；下裙服色通常是青、碧、绿、蓝、杏黄等，以艳丽为美。

宋代后妃有祎衣、朱衣、礼衣、鞠衣。皇太子妃有褕翟、鞠衣。祎衣，深青质，织成五彩翟纹，内衬素纱中单。中单领绣以黑白黼文，以朱色罗縠缘袖、边。蔽膝色随裳，大带色随衣，外侧加绲（gǔn）边，上用朱锦，下用绿锦绲之。带结用素组，革带用青色，系以白玉双佩。朱衣，绯罗质，加蔽膝，佩革带、大带、绶，金饰履，履随衣色。礼衣，12钿，通用杂色，加双佩小绶。鞠衣，黄罗质，蔽膝，大带、革带及舄随衣色。祎衣用于受册、朝谒、朝会等。朱衣用于朝谒圣容等。礼衣为宴见宾客之服。鞠衣为亲蚕之服。后妃的常服，通常为真红大袖衣，以红罗生色为领，红罗长裙，红霞帔，红罗背子，黄、红纱衫，白纱裆裤，服黄色裙，粉红色纱短衫。

　　宋代丝织物比以往又有了新的发展，花色品种增多，刺绣水平明显提高，于是女服中出现画领、刺绣领。据《老学庵笔记》记载，裤有绣者，白地白绣、鹅黄地鹅黄绣，裹肚则紫地皂绣。宋代女裙，多以罗纱为主，且有刺绣。贵妇女裙有"双蝶绣罗裙"，还有用郁金香草染衣裙的，使之有郁金香之色和香味。宋代女裙，以长裙为多，裙带也垂得很长，"坐时裙带牵纤草，行即罗裙扫落花"便是描写长裙的诗句。裙色很多，有红、绿、黄、蓝、青等色。而歌伎乐舞者身着红似石榴花的长裙最为时髦，于是有人描写为"石榴裙束纤腰袅"。裙有六幅、八幅、十二幅之别。舞裙折褶更多，显得分外潇洒。福州南宋墓出土的裙，有一条除侧面不打褶外，都作细密褶叠，每片15褶，计60褶。女子外出骑驴，则着"旋裙"，前后身开胯，以便乘骑。这种旋裙，始于京城女妓，后来一些士大夫之家也来效仿。

　　宋代女服有一种叫"大袖"，有直领、圆领两种，以素罗制成，对襟，衣身用正裁法，袖端各接一段，饰有花边。女子穿的内衣叫抹胸，为菱形。福州出土的抹胸，表里均为素绢，双层，内絮少量丝绵，腰间各缀帛带，以便系扎。它上可覆乳，下可遮肚，不施于背，仅盖于胸，故称抹胸。清代陈元龙的《格致镜原·引胡侍墅谈》载："建炎（1127—1130）以来，临安府浙漕司所进成恭后御衣之物，有粉红抹胸。"可见，当时贵妇用抹胸。女子也着半袖衣背子。它有两种形制，一种在两腋、背后垂有带子，腰间用勒帛束缚；一种不垂带子，不用勒帛。

宋代三百多年间，女服有些变化。崇宁、大观年间（1102—1110），女子上衣时兴短而窄；至宣和、靖康年间（1119—1127），女服上衣趋向紧逼狭窄，前后左右劈开四缝，以带扣约束，当时称"密四门"。有一种小衣，也是逼窄贴身，左右前后四缝，用纽带扣，称之"便当"。这种形制，到绍兴年间（1131—1162）稍有收敛。但到了景定年间（1260—1264），又恢复原样。时装样式多始于内宫，逐渐上行下效，播及远方。其纹饰特点，靖康年间的女服，四季花卉的纹样多集于一衣之上，时有小景山水图案。唐宋以来，人们笃爱自然界的山水花鸟，山水花鸟画大放异彩。艺术家的成就直接影响到服饰的设计，绘画艺术美和服饰美得到了统一。

宋代帝王屡次颁令，限制士人庶民的服色花样。实际上是要求庶民的服饰形制越简单越好，色彩越单调越好。天圣三年（1025）皇帝下诏："在京士庶，不得衣黑褐地白花衣服并蓝、黄、紫地撮晕花样，妇女不得将白色、褐色毛段（缎）并淡褐色匹帛制造衣服，令开封府限十日断绝。"（《宋史·舆服五》）可见，宋代民服日趋单调和朝廷的禁令密切相关。

四、胡服

宋代伊始，朝廷便对少数民族服饰的传入严加禁止。后来，宋徽宗下诏："京城内近日有衣装杂以外裔形制之人，以戴毡笠子、着战袍、系蕃束带之类，开封府宜严行禁止。"（吴曾《能改斋漫录》卷十三）事实上，服饰文化不可能完全静止不变。每个时代，人们都会根据当时的经济、文化状况，依据特定的审美要求，适当地改变自己的衣着。胡服在中原不仅没有灭绝，反而有所滋蔓。宋徽宗又下诏："敢为契丹服若毡笠、钩墩①（一种女子靴裤）之类者，以违御笔论。"（《宋史·舆服五》）这种措辞相当激烈，可见皇帝把胡服看成是洪水猛兽，要严加防范。宋代北方先因契丹族势力强大，后因女真族兴起，胡服流行范围不断扩大。据《揽辔录》记载："最甚者衣服之类，其制尽为胡矣，自过淮以北皆然。"有些女子的发式效仿女真族，作束发垂头式样，称为"女真妆"。开始于宫中，继而遍及四方。临安舞女则戴茸茸狸帽和窄窄胡衫。《续资治通鉴》记载孝宗乾道四年（1168）臣僚言："临安府风俗，自十数年来，服饰乱常，习为边装……中原士民，延首企踵，欲复见中都之制度者三四十年却不可得。而东南之民，乃反效于异方之习而不自知。"可见，南宋时期南方已经受到了北方民族服饰及生活习俗的严重影响。

五、梳妆

宋代女子的发髻种类颇多。有的梳成"朝天髻"，即把发梳至头顶，先编成两个圆柱形发髻，然后将发髻朝前反搭，伸向前额。为使发髻高耸，在髻下衬有簪钗花钿，将发髻前端高高托起。有的梳成"同心髻"，即将头发束在顶部，然后编成一个圆髻，示意渴望团圆，故称"同心髻"。有的梳成"流苏髻"，髻式上耸而略向后倾，插上各

---

① 钩墩：《宋史·舆服志》中华书局 1974 年版作"钩墩"，误；应作"钩墩"。《二十五史》上海古籍出版社 1986 年版已订正为"钩墩"。

种珠翠，并有两条红飘带垂下。

为了使发髻更加光彩夺目，有的用金银珠翠制成多种花鸟、簪钗、梳篦插在髻上。有的喜用罗、绢、金、玉、玳瑁制成桃、杏、荷、菊、梅等花卉簪在髻上。有的冠上插花，用漆纱、金、银、玉制成高冠，冠插白角长梳，左右两侧插花，把一年四季名花同时嵌在冠上，称之为"一年景"。据史书记载，宋徽宗时，汴京女子"作大鬓方额"。政和、宣和之际，"尚急扎垂肩"，即北宋流行的一种女子高冠，高不能过七寸，广不能过一尺。宣和后，"多梳云尖巧额，鬓撑金凤"。由于女子插花的影响，皇帝大臣也时有插花。有首诗戏谑说："牡丹芍药蔷薇朵，都向千官帽上开。"宋代女子喜欢戴真花，以牡丹、芍药为多。她们穿什么装、戴什么花形成了一系列模式。例如，穿紫衣服，簪白花；穿鹅黄衣服，簪紫花；穿红衣服，簪黄花。有的宫女，上着紫衫，下穿橘红长裙，头簪紫花。逢年过节，女子们都特意打扮一番。

宋代花冠

周密在《武林旧事·元夕》中写道："元夕（正月十五夜）节物（应时节的景物），女子皆戴珠、翠、闹蛾、玉梅、雪柳……而衣多尚白，月下所宜也。"闹蛾是女子的一种头饰，用乌金纸剪成蝶形，以朱粉点染。玉梅是用白绢制的梅花。雪柳是用纸或绢制成的迎春花枝。还有一种额饰"梅花妆"。说到它的来历，不免回溯一段故事。据说，南朝宋武帝的女儿寿阳公主在正月初七卧于含章殿檐下时，忽然梅花落在她的额上，仕女们觉得非常美丽，争相效仿，在额上画梅，于是"梅花妆"流行开来。历经隋唐五代，到宋代仍然很盛行。

宋代女子讲究眉式，佩戴耳环。不论皇后还是宫女，常把眉画成宽阔的月形，然后在月眉的一端（或上或下）用笔晕染，由深及浅，向外散开，别有风韵。宋代女子的耳环，有的用金丝打制成"S"形，一端作尖状，一端成薄片，在薄片上浮雕花卉。江西彭泽宋墓出土文物中有这种耳环。有的由两个金片合成，金片上压印着繁缛的纹饰，中间为两个对称瓜果，上下枝叶蔓延，穿耳金丝呈枝干状，与金片纹饰浑然一体。这种文物见于江苏无锡宋墓。

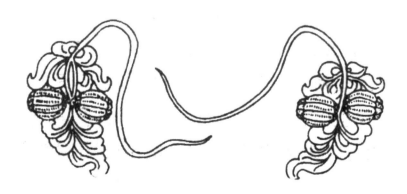

宋代瓜果式金耳环

宋代女子佩带香囊。青年男女离别时,女方常以香囊相赠,留作纪念。有的用素罗制成,绣有鸳鸯莲花,背面平纹素纱,沿口用双股褐色线编成花穗作为装饰。

宋代女子外出或成婚,头上要戴盖头。从《东京梦华录》《事物纪原》上得知,盖头主要有两种:一种是在唐代风帽的基础上改制而成的,用一块帛缝成个风兜,套在头上露出面孔,多余部分披在背后。有的将布帛裁成条状,由前搭后,只蒙盖脸部及颅后,耳鬓部分显露在外。另一种是一块大幅帛巾,多为红色,在结婚入洞房时女方用它遮面。据《梦粱录》记载,成亲前三天,男方要向女方赠送一块催妆盖头。是美人还是丑女,揭开盖头才见分晓。盖头的习俗延续了上千年,到民国年间婚礼上的新娘还蒙着盖头。

六、僧道服

早在汉代道教便创立,同时,佛教也传入中国。到了唐宋,佛、道二教并驾齐驱。道士的服装主要有道冠、道巾、黄道袍等。道冠,通常用金属或木材制成,其色尚黄,故称黄冠。后人常以黄冠代指道士。道巾有九种:混元巾、九梁巾、纯阳巾、太极巾、荷叶巾、靠山巾、方山巾、唐巾、一字巾。道士常服为黄道袍,也叫大小衫,大多交领斜襟。他们多穿草鞋。宋代道士保持着古代上衣下裳和簪冠的形制。

据佛教章法规定,佛教僧侣的衣服限于三衣和五衣。三衣,梵文Tricīvara 的意译,音译为"支伐罗"。三衣就是佛教比丘(出家后受过大戒的男僧)穿的三种衣服,即僧伽梨(九条至二十五条布缝成的大衣）、郁多罗僧（七条布缝成的上衣）、安陀会（五条布缝成的内衣）。这些衣服布条纵横交错，呈田字形。五衣，指三衣之外加上僧祇支（覆肩衣）、厥修罗（裙子）。前者，覆左肩，掩两腋，左开右合，长裁过腰，是一块长形衣片，从左肩穿至腰下。后者，把长方形布缝其两边，成筒形，腰系纽带。相传，三衣、五衣都是释迦牟尼规定的法衣。此外，还有袈裟，也是佛教法衣，由许多长方形小块布拼缀而成。僧人为了表示苦行，常常拾取别人丢弃的陈旧碎布片，洗净后加以拼缀，称之为百衲衣。它不许用青、黄、赤、白、黑"五正色"及绯、红、紫、绿、碧"五间色"，只许用铜青、泥（皂）、木兰（赤黑）三色。据《释氏要览》卷上载，其来源有五种：有施主衣、无施主衣、往还衣（包死人衣）、死人衣、粪扫衣（指人们丢弃的破衣碎片）。

法衣是道教法师举行仪式、戒期、斋坛时穿的衣着，有霞衣、净衣等。僧道也穿直裰，又称直掇、直身，以素布制成，对襟大袖，衣缘四周镶有黑边。

七、戎服

宋代军队平时防卫巡逻或作战，常着战袄、战袍。宋代无名氏的《宣和遗事》曾有这样的描述："急点手下巡兵二百余人，腿系着粗布行缠，身穿着鸦青衲袄，轻弓短箭，手持闷棍，腰挂环刀。"袍和袄只是长短有别，均为紧身窄袖的便捷装束。

官兵作战时通常要穿铠甲。铠甲表面缀有金属薄片，用来保护身体。据《宋史·兵志》记载，宋代有的全副铠甲甲叶达 1825 片，分缀于披膊、甲身、腿裙、兜鍪、兜鍪帘等处，由皮线穿连。一副铁铠甲，有的重达 49 斤左右。"须怜铁甲冷彻骨，四十余万屯边兵"（欧阳修《晏太尉西园贺雪歌》）描写的正是数十万官兵身着寒冷彻骨的甲衣执行防务。此外，皮制的战衣叫皮笠子、皮甲。

宋代有一种特别的铠甲——纸甲。康定元年（1040）诏令江南、淮南州军造纸甲三万副。它是用一种特柔韧的纸加工的，叠三寸厚，在方寸之间布有四个钉，雨水淋湿后更为坚固，铳箭难以穿透。（见朱国桢《涌幢小品》）

仪卫军的甲衣，粗帛为面，麻布为里，用青绿颜料画成甲叶图案，加红锦边，红皮络带，前胸绘有人面二目，自背后至前胸缠有锦带，并有五色彩装。

辽、金、元服饰

第七章

辽、金、元历经 420 余年，这三个朝代由三个不同的少数民族执政，他们同汉族存在着经济、文化等方面的交流，服饰上互相影响。如果说唐宋服制基本上是单一的（**汉族服饰占绝对优势**），那么辽、金、元服饰则是多种并行的。

地处我国北方的契丹族，唐末开始强盛起来。五代时，得后晋北方十六州，地跨长城内外。公元 947 年称辽，辽代服制是契丹服与汉服并行。

金原为女真族（**满族祖先**），曾附属于辽 200 余年。金代服饰大体保持着女真族形制，又继承了辽代样式，得宋北部领土后，又吸收宋制风格，因此具有女真、契丹、汉族三合一的综合特征。

元代的蒙古族，原是中国北部一个部落集团，后来攻灭西辽、西夏、金、大理，并在吐蕃建立行政机构，公元 1271 年忽必烈定国号为元。元代国土空前辽阔，各地的地理环境、气候条件、生活习惯、宗教信仰差异很大，各民族的服饰都有自己的特点。同时，由于各地经济、文化的不断交流，服饰也相互影响。

元代是我国手工棉纺织技术大发展的时代。棉花是从印度传入中国的。唐代时，棉花从北路传到新疆，从南路传到两广、福建，后来又传入长江中下游。到元代，种棉花已较普遍。棉花的种植为棉纺手工业的发展创造了条件，而棉花纺织技术的提高又促进了棉花的种植。黄道婆是我国历史上著名的棉纺织家，她生活在 13 世纪，幼时流落到海南岛谋生，学会了黎族棉纺织技术，后返回故乡乌泥泾（**在今上海市徐汇区**），向家乡传播纺织技术，传授高超的提花技术，使织成的被、褥、带、帨（shuì，佩巾）呈现出"折枝、团凤、棋局、字样"，光彩美丽。当时有千余户依靠织"乌泾被"为生。这时有手摇两轴轧挤棉籽的搅车，有竹身绳弦的四尺多长的弹弓，有同时可纺三锭的脚踏纺车。元代熊硐（jiàn）谷的《木棉歌》描写了当时江南农村家庭棉纺织手工业的情景："尺铁碾去瑶台雪，一弓弹破秋江云，中虚外泛搓成索，昼夜踏车声落落。" 13、14 世纪中国经济生活的重大事情就是棉花种植的推广和棉纺织技术的改进。它直接关系到当时服饰的发展。

元代蒙古族的服饰是很有特点的：声势浩大的质孙宴[①]，可以说是元代服饰的大展览；全国大量制造金光耀眼的金锦，令人目不暇接；女子头戴姑姑冠，别出心裁。

[①] 质孙宴：诸侯王及外番来朝，皇帝赐宴招待，穿质孙衣，称为"质孙宴"。质孙，汉语为一色衣，上衣下裳，衣式紧窄，下裳较短。

一、辽代官服

辽太祖在北方称帝时，以甲胄为朝服。占领后晋领土后，辽代统治者受汉族影响创立新的服制，契丹族官吏着本民族服装，汉族官吏仍穿汉服。乾亨年间（979—983）服制又有所变化：三品以上的契丹族官吏在举行隆重典礼时也着汉服。日常官服分两种：皇帝及汉族臣僚着汉服，皇后及契丹族臣僚穿契丹服。重熙元年（1032）以后，大礼都改着汉服。我们不难发现，辽代皇帝和宋代皇帝对待异族服饰的态度不大相同。宋代皇帝采取禁止胡服流传的强硬做法，而辽代皇帝对汉服采取吸收宽容的态度，把它当作礼服。特别有趣的是，皇帝日常着汉服，皇后穿契丹服，呈现出和睦相处的良好气氛。

由于辽地处于北方，寒冷时间长，辽代君臣大都服貂裘。皇帝穿最名贵的银貂裘，大臣穿紫黑貂裘，下属穿沙狐裘等。契丹族以游牧为主，祭山是大礼，服饰尤盛。大祀时，皇帝头戴金冠，身着白绫袍，束红带，佩鱼袋，带犀玉刀，穿络缝乌靴。小祀时，戴硬帽，着红克（缂）丝龟纹袍。田猎时，戴幅巾，穿甲戎装，以貂鼠或鹅项、鸭头为捍腰。

皇帝本民族的衮冕服饰为：头戴实里薛衮冠，身穿络缝红袍，佩犀玉带，穿络缝靴。礼服为紫皂幅巾，紫窄袍，玉束带，或衣红袄。常服是绿花窄袍。皇帝又着汉服的衮冕：冕为金饰，垂珠十二旒，黈纩充耳，玉簪导。玄衣，纁裳。衣有日、月、星、龙等八种图案，裳有藻、粉米等四种图形。大带，鞢加金饰。这是祭祀宗庙、遣将出征、纳后时的衣着。这种衮服与宋代衮服比较，衣多一种图形，裳少一种图形，图案大同小异。

皇后小祀时，戴红帕，服络缝红袍，悬玉佩，穿络缝乌靴。这与宋代后妃服饰比较起来，款式及花样略显简便、单调。

皇太子谒庙还宫、元日、冬至、朔日入朝要戴远游冠、着绛纱袍。其冠三梁，加金附蝉九，首施珠翠，犀簪导。与宋代皇太子相比，朱明衣换成了绛纱袍，略趋简朴。

辽代臣僚戴毡冠，饰金花，加珠玉翠毛，额后垂金花。有的戴纱冠，制如乌纱帽，无檐，不掩双耳。额前缀金花，上结紫带。有的着紫窄袍，系带，用金玉、水晶、靛石缀饰，称为"盘紫"。高龄老臣，可服锦袍、金带。三品官以上戴的进贤冠，三梁，加宝饰；五品官以上，其冠二梁，加金饰；九品官以上，其冠一梁，无饰。臣僚通常着窄袍、锦袍，一般左衽，圆领，窄袖，颜色偏灰暗。

二、辽代民服

辽代，男子冬季多穿貂袄、羊皮或狐皮外衣，肩围"贾哈"[①]，足着乌皮靴，以求保暖。平时则头戴幞头，着圆领袍或开胯袍。女子冬季戴貂帽，身着襦、袄。夏天，则着裙、着衫。其中的团衫，有黑、紫、绀等色，直领左衽，前后着地。裙多为黑、紫色，上面绣有花卉。这说明，契丹改辽以后，服制实行多元化，本民族服饰与汉族服饰交织在一起。这种特点，在吉林库伦旗辽墓壁画上、河北省宣化辽墓壁

---

① 贾哈：用锦貂皮制成，形似簸箕，两端作尖状，围于肩背间。

画上都能找到证据。

辽代男子依契丹族习俗多作髡发。其样式从传世的《卓歇图》《胡笳十八拍图》及辽墓出土的壁画上都可以看到。髡发，即将顶发剃光，两鬓或前额留下少量头发作为装饰。有的额前留有一排短发，有的耳边披散鬓发，有的把左右两绺头发剪成特殊形状，下垂至肩。以前，只知道辽代男子作髡发。但从近来发现的文物上看，有的女子也作髡发。

辽代女子常以金色涂面，称"佛妆"。宋代朱彧《萍洲可谈》记载："先公言使北时，见北使耶律家车马来迓（yà，迎接），毡车中有妇人，面涂深黄，红眉黑吻，谓之佛妆。"据说，她们是在冬月以栝蒌（花淡黄色）涂面，到第二年春天把它洗掉。

三、金代权贵服饰

金代权贵，春夏衣着多用纻丝制成，秋冬服装多用貂鼠、狐、貉、羔皮制作。他们的裹头巾，在方顶的十字缝中加饰珍珠。自从金人进入黄河流域之后，金代执政者参酌汉、唐、宋的先例颁布了新的服制。

皇帝的衣冠无疑是最高级的。皇冕，青罗为表，红罗为里。冕天板下有四柱，前后珠旒共 24 个。黈纩二，真珠垂系，玉簪，簪顶刻镂云龙。这种形制与唐宋时期的相比，显得更古老。皇帝的衮服包括衣和裳两部分，衣用青罗夹制，五彩间金绘画，正面有日、月、升龙等图形，背面有星、升龙等图形；裳用红罗夹制，绣有藻、粉米等图形。凡是大祭祀、加尊号，皇帝服衮冕。而出行、斋戒出宫、御正殿，戴通天冠，着绛纱袍。皇帝临朝听政的服饰，前后期有所不同。开始，服赭黄装；后来，服淡黄袍。常朝则戴小帽、红襕、偏带或束带。

皇后首服是花株冠[①]，以青罗为表，青绢衬金红罗托里，有九龙、四凤，前面大龙衔穗球一朵，前后有花株各12个，还有孔雀、云鹤等图案，用铺翠滴粉缕（镂）金装珍珠结制，下有金圈口，上用七宝钿窠（kē）。花株冠因有"花株各十二"而得名。它比唐、宋时期皇后的首服更加讲究。皇后的祭服叫袆衣，深青罗织成翚翟的形象，素质，领、袖端、衣边用红罗云龙。裳，用深青罗织成翟纹，边缘为红罗云龙。袆衣古已有之，不过金代的袆衣图案更加多样，做工更加考究。

皇太子的贵冠，用白珠九旒，红丝组为缨，青纩充耳，犀簪导。衮服，青衣朱裳，衣有山、龙等五种图案，裳有藻、粉米等四种图形。白袜，朱舄。这是皇太子谒庙时的衣着，和宋代皇太子的衮服大同小异。太子入朝、赴宴，则用朝服，即紫袍、玉带、双鱼袋。他们视事及会见宾客，则戴小帽，穿皂衫，束玉带。这种装束显得轻便、随和、自然。

金代百官的朝服，用于导驾及行大礼。正一品的衣着，貂蝉笼巾，七梁额花冠，犀簪导，佩剑，绯罗大袖，绯罗裙，绯罗蔽膝，绯白罗大带。白绫袜，乌皮履。正二品的衣着，七梁冠，犀簪导，绯罗大袖，杂花晕锦玉环绶。其他官员，品级越低，冠梁越少，服饰质地越差。礼服，文职官吏五品以上者紫服，六品、七品绯服，八品、九品绿服。

---

① 花株冠：花株，亦作花珠。

金人服饰

　　具体形制是，三师、三公、亲王、宰相一品服大独科花罗，执政官服小独科花罗，二品、三品服散答花罗，四品、五品服小杂花罗，六品、七品服绯芝麻罗，八品、九品服绿无纹罗。以不同品种花卉标志品级不同，这是金代官服的首创，别具一格。

　　金代前期实行鱼袋制。皇太子束玉带，佩玉双鱼袋。亲王束玉带，佩玉鱼。文官，一品束玉带，佩金鱼。二品束笏头球文金带，佩金鱼。三品、四品束荔枝或御仙花金带，佩金鱼。五品束红鞓（tīng）乌犀带，佩金鱼。武官，一品、二品佩玉带，三品、四品佩金带，五品至七品束红鞓乌犀带，都不佩鱼，八品以下则用皂鞓乌犀带。大定十六年（1176），世宗认为吏员与士民的服饰区别不大，有关机构不易检查，决定改为书袋制，即在官吏束带上悬书袋，作为官吏区别于士民的标志。其质料、颜色因品级不同而有所不同。省、枢密院令、译史用紫纻丝制成，台、六部、宗正、统军司、检察司用黑斜皮制成，寺、监、随朝诸局并州县，用黄皮制成，各长七寸，宽二寸，厚半寸，并于束带上悬带，公退时悬于便服，违者将受到有关机构的查处。

四、金代保护色服装

金代男子头裹皂罗巾，身穿盘领袍，腰系吐鹘带，脚着乌皮靴。金代男子服饰最大特点是采取保护色，即衣着颜色与不同季节周围环境颜色相同或相近。这和女真族的生活习俗有关。他们以游牧、狩猎为主，采取保护色，既可不被凶猛野兽发现，起到保护自身的作用，又便于靠近猎物。冬天，他们多穿白色皮袍，和冰天雪地化为一体；夏天，他们多着绣有鹘、鹅、熊、鹿、山林、花卉等图案的服装，和周围环境融为一体。保护色不仅有利于狩猎，而且便于军事行动。

五、金代女服

金代女子穿襜裙。它多为黑紫色，上面绣全枝花，周身有六褶。上衣为团衫，黑紫色或绀色（红青），直领，左衽，前拂地，后曳地，用红黄带，双垂在前。老年女子用皂纱，盘笼髻，散缀玉钿在上面。结婚的女子穿对襟彩领衣，前拂地，后曳地。金代女服修长，显得格外潇洒。贵妇人多戴羔皮帽，喜欢用金珠装饰。

金代规定，没有官爵的平民只许穿绌绸、绢布、毛褐、花纱、无纹素罗、丝绵所做的衣服，他们的头巾、系腰、领帕只许用芝麻罗等面料。"奴婢止许服绝绸、绢布、毛褐。"（《金史·舆服下》）艺人如果有迎接、公宴应酬活动，可暂时穿上有绘画图案的衣着，而平时与百姓一样。

六、元代官服与常服

蒙古族长期以来披发椎髻，夏戴笠，冬戴帽。他们的皮帽、皮袄、皮靴，多用貂鼠、羊皮制成。皮袄通常为右衽、方领。元灭南宋之后，等级森严，全国分四等：蒙古人、色目人、汉人、南人。许多部门及地方官多由蒙古贵族充任，各种副职由色目人担当。由于等级有高低贵贱之分，在服饰上自然会有所反映。蒙古贵族衣着华丽，色目人次之，汉人、南人最差。公元1314年元朝制定服色等第，禁限很严，"上得兼下，下不得僭上"，违反的人，当官的解职，平民则挨57闷棍。但蒙古人和充当怯薛（宿卫军）的诸色人不在禁限之列。

元代皇帝冕服有衮冕、衮龙服、裳、中单。衮冕，用漆纱制成，冕上覆綖，青表朱里。綖的四周环绕云龙。冠口以珍珠萦绕。綖的前后各有十二旒，綖的左右系黈纩二，冠的周围，珠云龙网结，綖上横天河带，左右至地。这实际上是参照了先秦的典章制度，对古代君王冕冠加以适当改造。衮龙服，是用青罗制成的，饰有日、月、星等图案。这和唐、宋衮服比较起来，略有简化。裳是用绯罗制成的，其状如裙，饰有纹绣，共16行，每行绣有藻、粉米等图形。中单，是祭服、朝服的内衣，以白纱制成，大红边饰。皇帝的衣料，色彩鲜明，除了华丽的纳石失（在纱、罗、绫上加金的织金锦），还有外来的细毛织物紫貂、银貂、白狐、玄狐等皮毛。元代丝织多为缕金织物，这是前所未有的一大特点。

皇太子的衮冕，用白珠九旒，红丝组为缨，青纩充耳，犀簪导。青衣朱裳，五章在衣，四章在裳。白纱中单。瑜玉双佩。白袜朱舃。这和宋代皇太子衮服相近，都为"白珠九旒"，宋代的"青衣红裳"，元代改为"青衣朱裳"。

元代贵族满身红紫细软，以装饰宝石为荣。据说，大德年间（1297—1307），一块嵌在皇冠顶上重一两二钱的红宝石，估价中统（元世祖忽必烈年号）钞14万锭。特别名贵的皇冠钹笠冠上加金嵌玉，并饰有稀有的大粒珍珠。这是以往皇冠上未见过的。

元代百官公服沿用宋制，采用紫、绯、绿三种服色。但款式有创意，最大特点是官服上绣有不同花卉图案：一品至五品同为紫衣，一品饰大独科花，径五寸；二品饰小独科花，径三寸；三品散答花，径二寸，无枝叶；四品、五品小杂花，径一寸五分；六品、七品同为绯色，皆饰小杂花，径一寸；八品、九品同为绿色，素而无纹（《元史·舆服一》）。以花卉图案品种不同、大小不同表示品级不同，这一点吸取了金代官服的特点。元代官吏穿礼服时，一律戴漆纱展角幞头。这点与宋代官吏装束一样。可以说，他们头饰似宋，服饰似金。

从皇帝到百官都穿质孙衣。它是元代内庭大宴的服饰。冬夏的服装各不相同。天子质孙衣，冬服有十几种，穿衣戴帽各有一套。例如，穿纳石失（金锦）、怯绵里（剪茸），要戴金锦暖帽；穿大红、桃红、紫蓝、绿宝里（服上有襕者），要戴七宝重顶冠；穿红、黄、粉皮服，要戴红金答子暖帽，等等。夏服也有十几种，也是衣冠配套。例如，穿答纳都纳石失（在金锦上缀大珠），要戴宝顶金凤钹笠；穿速不都纳石失（在金锦上缀小珠），要戴珠子卷云冠，等等。从冬夏装束服色上看，冬季的浓重，夏季的浅淡，讲究整体配合，要求圣洁不凡。

百官的质孙衣，冬服 9 种，夏服 14 种。

元代统治者每年要举行 13 次大朝会。每逢此时，帝王、大臣、亲信穿同一色的质孙衣在大殿前用金杯按爵位、亲疏、辈分频频祝酒，气氛热烈，场面壮观。忽必烈在万寿日则穿上金光耀眼、华丽无比的长袍，赐给 2000 名贵族和武官同样颜色和款式的衣服，赐给亲近贵族的礼服装饰着闪闪发光的宝石和珍珠。他还要选出很多男爵，赏给他们每人 13 套衣服，每套一种颜色，服上都嵌有珠宝。可见，当时的帝王为了笼络官吏是何等的挥金如土。

元代常服还有比甲、宝里、比肩、辫线袄。比甲，原是蒙古族的衣服，流行于元代。它无领、无袖，前短及腰，后长如袍，用襻结系，适合骑射。宝里，是一种有襕的袍服。比肩，也叫"襻子答忽"，交领或圆领，右衽，半袖，长至足，腰上有褶，有襕或无襕，用锦帛或毛皮制成。辫线袄，是一种长袍，盘领，窄袖，腰作辫线细褶，用红紫帛捻成线，横腰间，又称腰线袄子。

元代衣着用料，质量相差悬殊。高官服装多用色彩鲜丽的织金锦，以花朵大小表示品级高低。贵族男子夏季礼服不可缺笠，质地、造型、装饰都追求华美。但官府对平民却加以种种限制。至元二十一年

（1284）发布禁令：凡是乐人、娼妓、卖酒的、当差的，都"不许穿好颜色衣"。元贞元年（1295）发布禁令：平民百姓不能用柳芳绿、红白闪色、迎霜合、鸡冠紫、栀子红、胭脂红六种颜色，只能穿本色或暗色麻、棉、葛布或粗绢绵绸。仁宗于延祐元年（1314）发诏书定服色等差："比年以来，所在士民，靡丽相尚，尊卑混淆，僭礼费财，朕所不取。贵贱有章，益明国制，俭奢中节，可阜民财。"（《元史·舆服一》）可见，重申服色等差，就是为了强化等级差别，不准官民混淆（蒙古人不在禁限）。诏书规定，"职官除龙凤文外，一品、二品服浑金花，三品服金答子，四品、五品服云袖带襕，六品、七品服六花，八品、九品服四花"。"庶人不得服赭黄，惟许服暗花纻丝绸绫罗毛毳，帽笠不许饰用金玉，靴不得裁制花样。"诏书还指出汉人、高丽人、南人等投充番直宿卫者并在禁限（《元史·舆服一》）。这些禁令鲜明地区分官民界限、种族界限，充分地表明了元代当权者的统治观念。统治者总把他们的特定服饰视为至高无上的地位的标志，以此炫耀自己。

元代北方人穿皮靴、毡靴的相当普遍。据说，皮靴本为战国时代孙膑所创。孙膑被庞涓挖掉膝盖骨以后，难于行走，于是设法缝制一种便于残疾人穿的靴子，即把硬皮革裁成"帮"和"底"，做成高靿（yào）皮靴。孙膑穿这种皮靴乘车指挥作战，击败了庞涓。也有人认为，靴本胡服，汉人最早采用靴的是战国时的赵武灵王。北方游牧民族，如契丹、女真、蒙古人都穿靴，因为靴可以抗寒，又经久耐用。元人靴子种类繁多，质地比过去时代也有提高，如有鹅顶靴、鹄嘴靴、云头靴、毡靴、鞽（wēng）靴、高丽氏靴等。元代的舄，形制考究，舄首加玉饰，帮上饰花纹。

七、元代女子服饰

元代贵族女子一般戴皮帽，穿貂皮袍。这种袍比较宽大，多左衽，袖口较窄，袍长曳地。有的女袍，用大红织金、吉贝锦、蒙茸加工而成。皇后、妃子、侍从穿翻鸿兽锦袍、青丝缕金袍、琐里绿蒙衫。贵族、宫女多穿红靴。"衣裳光彩照暮春，红靴着地轻无尘"（**萨都剌《王孙曲》**）描写的正是元代贵妇人的衣着打扮。

元代最具特色的女帽是姑姑冠，也叫故故、固罟（gǔ）、顾姑、固姑等。它上宽下窄，好像一个倒过来的瓷花瓶。通常用铁丝和桦木制成骨架，外用皮、绒、绢等裱糊，再加上金箔珠花等饰物，走起路来，冠上珠串摇摇晃晃，冠顶翎枝迎风抖动。这是皇后、妃子、大臣妻子戴的贵冠。有诗这样描写："双柳垂鬟别样梳，醉来马上倩人扶。江南有眼何曾见，争卷珠帘看固姑。"（**蒋平仲《山房随笔》引聂碧窗《咏北妇》**）这种女冠可能与蒙古族生活习俗有关。他们过游牧生活，骑马行走在荒原上，冠体高耸，易于辨认。元代灭亡后，这种冠式随之消失。

元代女子，不分贵贱都可以装饰假发，时称鬏（dí）髻。元代关汉卿《窦娥冤》："梳着个霜雪般的鬏髻，怎戴那销金锦盖头？"这里描写的就是假发。

辽、金、元还流行佩戴耳环。男女都戴，女者为多。辽墓出土的一对耳环，用极薄的金片模压成立体的凤形，中间空心，高冠翘尾，口衔瑞草，呈现展翅飞舞的姿态。金代的耳环，以金质为主。有的用金丝编成圆形托座，托座镶嵌各种宝石；有的耳环分为前后两部分，前半部分用金丝编成长方形框架，框架内镶嵌各种珍宝，框架顶部饰有金片花朵。元代耳环前部通常以玛瑙、白玉或绿松石等制成各种花样。

八、辽、金、元戎服

辽、金、元都以骑兵骁勇善战著称。他们的戎服都具有便于骑射的特点。

辽代的主要战衣有金镀铁甲、银镀铁甲、貂帽貂裘甲。辽代精锐骑兵是鹘军。如有军情，吹起号角，招之即来。他们身披铁甲，犹如鹘鹰般迅捷，善于征战。调动兵马则用牌。金镀银牌形似方响（一种乐器），上刻契丹字，书"宣速"二字，使者执牌驱马，日行数百里。人们见牌，犹如契丹主亲临，索取财物，无人敢于违抗。这些持牌者被称为"银牌天使"。

金代将士的头盔相当坚固，只露出面目，因此枪箭难以贯入。他们的铠甲有红茸甲、碧茸甲、紫茸甲、黄茸甲，都用丝条连接铁片而成，也有用皮条穿连的。仪卫官吏戴金蛾幞头，穿锦花袍，用金镀银束带。护卫将军戴幞头，穿紫窄袖衫，束金带，腰悬弓矢。

元代将士的兜鍪，多用皮革制成。元代兵卒也戴铁盔。还有一种胄作帽形，无遮眉，鼻部有护鼻器，形状奇特。元代铠甲相当精巧，覆膊、掩心、捍背、卫股，用皮革制成，上面有虎纹、狮子纹。有的内层是牛皮，外层满挂铁甲，甲片相连，酷似鱼鳞，故称"鱼鳞甲"。此外还有柳叶甲、铁罗圈甲等。元代兵卒腰间挂有一柄弯刀，一个箭筒。元代已有火枪、火炮，有的承接前代，有的为远征时所获。

明代服饰

公元 1368 年明王朝建立后，朱元璋吸取元末农民起义的教训，对农民做出让步，采取了一系列措施，使社会经济很快得到恢复和发展。特别是由于政府大力提倡种植棉花，强制性地规定种植桑、麻及木棉等经济作物，推动了纺织生产。当时，江南地区的农村女子普遍参与纺绩劳动，由此带动了棉纺织技术的发展和提高。明朝初年，松江（今上海市松江区）已成为出产棉布的中心，其布质精密细丽，畅销四方，直至清朝，一直享有"衣被天下"的美誉。明代中叶以后，棉布的使用范围越来越广，甚至皇帝的"近体衣""俱松江三梭布所制"，"太庙红纻丝拜裀（yīn，垫），立脚处乃红布"（陆容《菽园杂记》卷一）。棉花和棉布已普遍成为人们制衣御寒的服装材料。以往人们所穿用旧丝麻絮装的缊袍，已为木棉装的胖袄所代替，过去人们所说的"布衣"也由麻布转指棉布了。

明初，朱元璋极力加强中央集权，采取了种种措施加强全国的集中统一，服饰制度的制定是其中的一项。

朱元璋一做皇帝，即实行他"复汉官之威仪"的主张[1]，下诏将元代遗留的辫发、椎髻、深襜、胡帽，男子的裤褶窄袖及辫线腰褶，女子的窄袖短衣、裙裳等一律禁止。又上采周汉、下取唐宋，对服饰制度作了大的调整。这套服制先后用了 20 多年时间，直至洪武二十六年（1393）才基本定型。永乐、嘉靖时又作了些更改，使各项规定更加具体。

一、官服

明代官服恢复唐制，但比唐代的"品色衣"等级的差别更加明显。这与朱元璋夺取政权后，改变农民立场，大量接受儒家思想有关。

官服中最高等级的冕服只限于皇帝、皇太子、亲王等皇室成员专用。冕服用于祭祀或朝会等大典。明初冕服一如传统形制，洪武（1368—1398）初至嘉靖年间（1522—1566）曾有几次变更，只是在质料、花纹位置上作些调整。历次改变都使规定更加具体，制作也更为考究。明代冕服与前稍有不同的地方：一是将原冕服下裳的前三后四改作连属一起如帷幕的式样；二是规定所绣日、月的直径为五寸；三是用黄玉作充耳；四是将古制的五彩玉旒改为七彩玉珠，又将火、华虫、宗彝绣在袖上，日、月、龙绣于两肩，星辰、山绣于后背，等等。皇太子在陪同皇帝祭祀天地、社稷、宗庙以及大朝会、受册等重大典礼时，也服衮冕，但较皇帝次一等，衮服用九章纹，冕为九旒，

---

[1]　吴晗.朱元璋传［M］.北京：生活·读书·新知三联书店，1965：156.

旒用九玉。世子衮冕又次一等，为七章、七旒。旒上所用珠玉的质料、
色彩都稍有不同，以示区别。

翼善冠（明宪宗像）

皇室冠服还有皮弁服、武弁服、通天冠服、常服、燕弁服等，用
于不同的场合。以上冠服，由于时代不同，也略有改变。如武弁服，
在明初时用于皇帝亲征或遣将，以后就不多用了。几种冠服中用途最
多的是常服，常服为折角向上的乌纱帽，盘领窄袖黄袍，袍的前后及

双肩各绣金织盘龙，金、玉、琥珀束带。因乌纱帽折角向上如"善"字，后名"翼善冠"。与唐代相比较，明代"翼善冠"要简化得多。今天我们还能看到的这种冠的实物，是明十三陵中定陵出土的万历皇帝朱翊钧的金制翼善冠。全冠用极细的金丝编织而成，上面镶嵌两条金龙戏珠，姿态生动，制作精致，体现着皇帝的尊贵及特权地位。

嘉靖七年（1528）更定燕弁服作为皇帝燕居休闲的服装。世宗朱厚熜（cōng）认为，古代的玄端上下通用，有失皇帝威仪，于是告谕礼部："今非古人比，虽燕居，宜辨等威。"（《明史·舆服志》）后更名"燕弁"，寓有深宫独处、以燕安为戒的意思。燕弁服的冠匡如皮弁，用乌纱为帽，全帽有12瓣，各瓣间压以金线，帽前装饰五彩玉云，帽后列四山，朱缨，双玉簪。衣服仍如古玄端式，两肩绣日、月，衣前盘一圆龙，后面盘二方龙。同年，在燕弁服的基础上制定保和冠服，作为亲王、郡王、世子等燕居时的服装。保和冠乃是明代的创制，但也并未脱离传统的冠制体系。

明代的文武官服，有祭服、朝服、公服、常服等。

祭服最为尊贵，只用于祭祀的特定场合。明朝初立，学士陶安即请制五冕。朱元璋认为古制太繁，于是删繁就简，规定皇帝"祭天地、宗庙，服衮冕。社稷等祀，服通天冠，绛纱袍。余不用"（《明史·舆服志》）。洪武二十六年（1393）制定品官祭服。一品至九品都是青罗衣，白纱中单，黑领黑边。赤罗裳，赤罗蔽膝。冠带、佩绶等都依朝服品级。

朝服用于大祀、庆成、正旦、颁诏等国家大典。戴梁冠，穿赤罗衣、裳，佩赤、白二色绢大带，革带，佩绶。明延宋制，也以冠上梁数划分等级。公冠为八梁，加笼巾貂蝉，立笔五折，四柱，香草五段，前后玉蝉。侯七梁，笼巾貂蝉，前后金蝉，其余皆少于公冠一等。伯为玳瑁蝉，其余较侯再减一等。都插雉尾。驸马与侯相同，但不插雉尾。梁数之外，官员所佩的带、绶也是区分品级的标志。官一品，冠七梁，不用笼巾貂蝉，革带用玉，绶用云凤四色（黄、绿、赤、紫）花锦。二品，冠六梁，犀革带，绶同一品。三品，冠五梁，金革带，绶用云鹤花锦。四品，冠四梁，余同三品。五品，冠三梁，银革带，绶用盘雕花锦。六品、七品冠二梁，银革带，绶用练鹊三色（黄、绿、赤）花锦。八、九品冠一梁，革带用乌角，绶用鸂鶒（xī chì，一种水鸟，色多紫）二色（黄、绿）花锦。御史冠用獬豸。所拿的笏板，一至五品用象牙，六至九品用槐木。

公服用于早晚朝奏事、侍班、谢恩、见辞等，以后改为常朝时穿便服，只在初一、十五朝参时穿公服。这种服制为盘领右衽袍，袖宽三尺，用纻丝或纱罗绢制作。袍服颜色，一至四品为绯色，五至七品为青色，八至九品为绿色。按品级绣织各种大小不同的花纹。八品以下官员的公服没有纹饰。穿公服时，头上须戴幞头。

常服用于常年理事，也是公服，形制比较简便，由乌纱帽、团领衫、束带三部分组成。乌纱帽前低后高，两旁各插一翅，通体圆形，外表用黑绉纱，帽里为漆藤丝或麻，既轻又牢固，可以自由戴脱。明代以乌纱帽作为官帽，此后即引申为官职的代称。郑板桥的"乌纱掷去不为官，囊橐（tuó，袋子）萧萧两袖寒"（《予告归里，画竹别潍县绅士民》）就是以乌纱帽代指官位。束带，依品级区别，一品用玉带，二品花犀，三品金钑花，四品为素金，五品银钑花，六品、七品素银，八品、九品乌角。洪武二十四年（1391）定职官常服使用补子。这是一种有固定位置、形式、内容和意义的纹饰，以金线或彩丝织成飞禽走兽纹样，缀于官服的前胸后背处，通常做成方形，前后各一。文官绣禽，表示文明；武官绣兽，表示威武。公、侯、伯及各品官各不相同。明代这一创制延续到清代，成为区别官员品级的又一显著标志。其具体规定所绣图案如下：

公、侯、伯、驸马　　　　　麒麟、白泽

文官一品　仙鹤　　　　　　武官一品　狮子

　　二品　锦鸡　　　　　　　　二品　狮子

　　三品　孔雀　　　　　　　　三品　虎豹

　　四品　云雁　　　　　　　　四品　虎豹

　　五品　白鹇（xián）　　　　五品　熊罴（pí）

　　六品　鹭鸶　　　　　　　　六品　彪

　　七品　鸂鶒　　　　　　　　七品　彪

　　八品　黄鹂　　　　　　　　八品　犀牛

　　九品　鹌鹑　　　　　　　　九品　海马

　　杂职　练雀

　　风宪官　獬豸

明代对补子品级图案的规定还不十分严格，一些没有正式官职的杂职人员也可以用杂禽、杂花补子。其他还有用应景补子的，如：正月十五的"灯景"补子，五月端阳的"艾虎""五毒"，七月的"鹊桥"以及"葫芦""菊花"等正式品服之外的补子，大多是内臣、官眷等人触景生情自己置办的。

明代在本色官服之外还有赐服，初意是由皇帝特别恩准赐予有功勋的官员，以后朝政腐败，赐服也已变质，主要是视皇帝的喜好、需要而定。一种赐服是官品未到而赐予的，如官未至一品而赐佩玉带，正二品赐服公、侯的麒麟服，或品级低的赐服一、二品的仙鹤、锦鸡服。嘉靖时，皇帝朱厚熜好道教，学士严讷、李春芳、董份因能撰写青词[1]，都以五品官得赐服仙鹤（《明史·舆服志》）。另一种是赐服蟒衣、飞鱼、斗牛服。蟒的纹样与龙相仿，仅比龙少一爪；飞鱼为有鱼鳍、鱼尾之蟒；斗牛是蟒头上多两个牛角。这三种纹样像龙，是衮龙服外最为尊贵的纹饰。因为三者形象近似，容易相混，有时难免错认。《明史·舆服志》载有这样一桩事：嘉靖十六年（1537），朱厚熜出行，群臣朝于驻跸（bì）所（**途中停留暂住的地方**）。兵部尚书张瓒（zàn）"服蟒"朝见。皇帝见了大怒，质问："尚书是二品官，为什么自穿蟒服？"阁臣夏言答："张瓒所穿是皇帝赏赐的飞鱼服，鲜明像蟒，并不是蟒。"朱厚熜仍以其多有冒犯，要严加禁止。结果是礼部奏定，文武官员不准擅用蟒衣、飞鱼、斗牛服以及其他违禁的华异服色。

嘉靖七年（1528）定忠静冠服作为品官燕居时的服装。取名"忠静"，意思是"进思尽忠，退思补过"（《明史·舆服志》）。这是一种仿古冠服，乌纱帽，冠顶有三梁，各压以金线，沿有金边，四品以下官员去掉金边用浅色丝线。忠静冠也是明代的创制。这种冠服使用范围较广，王府将军中尉，在京七品以上官员，八品以上

---

[1] 青词：道教斋醮仪式上写给"天神"的奏章表文，因用硃笔写于青藤纸上，故名。

翰林院、国子监、行人司官，在外的各府堂官、州县正堂、儒学教官及武官都督以上都可以穿用。崇祯时曾令百官燕居时都用忠静冠服。

内臣服饰。朱元璋取得政权后，深以历史上宦官的祸国乱政为鉴戒，严禁宦官干政，对宦官作了种种限制。明初规定：凡内臣（**宦官**）不许读书识字；不得兼外朝文武官职衔；政府各部门不得与内臣有公文来往；内臣的品级不得超过四品；内臣不许戴朝冠、幞头，不得穿外朝官员的服装。洪武三年（1370）规定：内使监参与朝会，按品用朝服、公服。平时的常服，是葵花胸背团领衫，不拘颜色；乌纱描金曲脚帽；犀角带。没有品级的，只服用团领衫，衫上没有胸背花。并在宫门铸一铁牌，上刻"内臣不得干预政事，犯者斩"。做出这些规定的目的是使宦官成为名副其实的宫廷仆役。但是，事与愿违，有明一代宦官之为害，却是中国有史以来最严重的朝代之一。朱元璋晚年，已经违背初衷，让内臣参与了一些政府的经济活动。这当然还是极有限度的。到明成祖朱棣时，由于他是依赖宦官取得政权的，所以永乐时期，宦官的地位大大提高，不仅名称上"改监正曰太监"，事实上也参与了国家大事，出使地方，有的还成为地方的监军。永乐十八年（1420），设置东厂，令宦官刺探臣民隐事。这是一种特务活动，而宦官的权力已凌驾于朝臣之上了。此时内臣的冠服，早已非复往昔，制度上明确规定，陪侍帝王左右的宦官"必蟒服，制如曳撒，绣蟒于左右，系以鸾带"，其"贵而用事者，赐蟒，文武一品官所不易得也"（《**明史·舆服志**》）。明熹宗时，大宦官魏忠贤把持朝政，他的朝服不仅与外廷相同，且有超越。他的朝冠已加至九梁，并戴上公、侯、伯爵的簪缨。直到熹宗死去，才有所收敛。

冠服之外的佩饰有牙牌。这是内官及在京各司常朝官都需随身悬挂的，用来作为出入关防的凭证。官员牙牌以象牙为料，上面刻有官职。拜官时由高宝司颁给，转官时须缴还，不得转借，否则就要坐罪。内使、小火者用乌木牌，校尉、力士、勇士、小厮等用铜牌。明武帝时太监刘瑾图谋不轨，不仅私制兵器，伪造宝印，且改制牙牌。抄没他家时，除金银珠宝、蟒衣衮袍外，牙牌竟有两大柜。

二、男服

同历代的专制统治者一样，朱元璋在登上帝位后，早已忘却自己也曾是贫苦百姓中的一分子，在强化统治者特权地位的同时，视百姓为贱人，认为庶民不过是"趋事执役以奉上者"。洪武十五年（1382）出榜晓谕两浙、江西人民："为吾民者当知其分（职分，应尽的义务），田赋力役出于供上者，乃其分也。能安其分者，则保父母妻子，家昌子裕，为忠孝仁义之民。"否则，不但国法不容，"天道亦不容矣"（《明太祖实录》卷一五〇）。基于这种观点，反映在百姓的服饰上是多有限制。明初规定，庶人结婚可以借用九品官服，平时则服杂色盘领衣。男、女衣服不许用黄、玄色，不得僭用金绣、锦绮、纻丝、绫罗。靴不得制作花样，不得用金线装饰。饰物不得用金玉、珠翠。平民百姓的帽子不得用顶，帽珠只许用水晶、香木，不许用金玉等。农民可以穿绸、纱、绢、布，而商人只准用绢、布。对衣服的身长，袖的长、宽，都规定了尺寸。这些限制，至明代中后期，多已禁而不止了。

　　明代男子便服，一般用袍衫，形制虽然多样，但都未脱大襟、右衽、宽袖、下长过膝的特点。庶民百姓服装，一般是上身着衫袄，下身着裤子，裹以布裙。贵族人家男子的便服多用绸绢、织锦缎，上面绣有各种花纹。这些花纹大多含有吉祥的意思。常见的是在团云和蝙蝠间嵌一圆形"寿"字，蝙蝠的"蝠"与"福"谐音，有蝠有寿，取意"福寿绵长"。另有一些牡丹、莲花等变形夸张的图案，牡丹是"富贵之花"，一直被认为是繁荣昌盛、美好幸福的象征。莲花是我国人民喜爱的花，被视为"花之君子"，也被佛教当作"佛门圣花"。在这些花形间穿插一些枝叶、花苞，花样别致，含意喜幸、神圣，深受当时人们喜爱。

　　儒士、生员、监生等读书人大多穿襕衫或直裰。明制规定，生员襕衫用玉色布绢制作，宽袖，沿有黑边，黑色软巾垂带。直裰是一种斜领大袖的长衫，因背之中缝直通下面，故名。《儒林外史》中落魄的童生周进与发迹的王举人都是身穿直裰，不过一个是多处已磨破的旧"元色（黑色）绸"的，一个却是崭新"宝蓝缎"的（《儒林外史》第二回）。此外，还有穿曳撒，程子衣以及褡护、罩甲的。曳撒，也是明代一种袍服，交领，大襟，长袖过手，上下衣相连，前面腰间有接缝，两边有摆，从两边起打褶裥，中间留有空隙，是士庶男子的一种便服。明代后期，士大夫宴会交际时也多穿用。程子衣，是明代文人儒士的日常服装，衣身较长，上下相连，腰间有接缝，缝下折有衣褶，袖宽大，斜领掩襟。褡护是一种比褂略长的短袖衣。罩甲有两种，一种对襟的，是骑马者的服装，一般军民步卒不准穿；

一种不对襟的，士大夫都可穿用。

成化年间（1465—1487），京城时兴一种"马尾裙"。这裙始于朝鲜国。裙式蓬大，舒适美观。传入京师后，京师人多"买服之"。最初，能织作者很少，价钱昂贵，只在一些富商贵公子中流行。以后商家及贩售者增多，"于是无贵无贱，服者日盛"，至成化末年，连朝官亦"多服之者矣"（陆容《菽园杂记》）。

明代一般人用的巾、帽，除采用前代式样外，还有新创制，形制繁多。最常用的网巾，是一种系束发髻的网罩。它形似渔网，多用黑色细绳、马尾、综丝编织而成。巾口用布制作，旁有金属小圈，用以贯穿绳带，紧带即可网发。戴网巾又是男子成年的一个标志。网巾一般衬在冠帽内，也可单独使用，露在外面。洪武二十四年（1391），明太祖朱元璋微服出访，见一道士在结网巾。朱元璋问："此何物也？"道士答："此为网巾，用以裹头，则万发俱齐。"这"万发俱齐"的话使朱元璋非常满意。"翌日，命取网巾，颁示十三布政使司，人无贵贱，皆裹网巾，于是天子亦常服网巾。"（《明史·舆服志》）还有一种上面开口的网巾，用时将发髻通过开口露在外面，开口处也用绳带系拴，名为"一统山河"。网巾在明代使用时间最长，直至明亡，才在清统治者强制下去掉。另有儒巾和四方平定巾，是士人所戴。明初，朱元璋指令士庶"服四带巾"（《明史·舆服志》）。洪武三年（1370）改为四方平定巾，取其四方平定的吉祥之意。这是一种可以折叠的四方形便帽，用黑色纱罗制成。平顶巾是皂隶、公使等下层小吏戴的。软巾，也称唐巾，用软绢纱制作，有带缚在后面，垂于两旁，比较普及。此外，还有吏巾、汉巾、万字巾、

诸葛巾等。帽有棕结草帽、遮阳大帽、圆帽,以及衙门中执役人戴的
红黑高帽等。

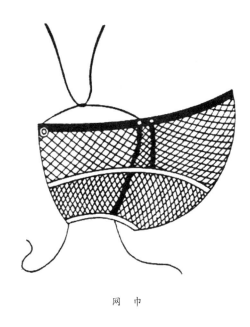

网 巾

对鞋靴的穿着,明代有严格限制。靴子用作公服,无论用皮、毡、
缎、丝何种材料制作,都必须染成黑色,用木料、皮革或硬纸做成厚
底,外涂白粉,所谓"粉底皂靴"即是。教坊及御前供奉人可以穿皂靴,
儒生可以穿皂靴,校尉、力士当值时也可以穿,外出时则不许。明代
的锦衣卫统穿白皮靴。他们草菅人命,作恶多端,京师百姓见白皮
靴来,无不畏之如虎。明初的二十余年中,庶民百姓原也可以穿靴,
后由于民间靴"巧裁花样,嵌口金线蓝条",洪武二十五年(1392)
重新规定,凡为庶民、商贾、技艺、步军、杂职人等一律不许穿靴,
只许穿皮扎䩺(《明史·舆服志》)。北方寒冷地区的人们可以穿

牛皮直缝靴。靴上不许装饰，也不得染成黑色，以与官靴相区别。南方广东、福建等地男女多穿木屐，有的还在上面绘制彩画，别具特色。

三、贵妇冠服

明代贵妇冠服，分礼服与常服两种。皇后礼服用于受册、谒庙、朝会等大典。皇后于大典时所戴的冠称凤冠。明代凤冠形制较宋代复杂。洪武三年（1370）规定：皇后凤冠，圆框之外饰以翡翠，上饰九龙四凤，另加大小花各 12 枝，冠旁各缀二博鬓（**一种云形片饰，似下垂状的冠翅**），用 12 花钿。永乐三年（1405）又有规定，凤冠比原来华丽。今天我们能看到的明代凤冠实物是定陵出土的四顶。这些凤冠因存放在特制的朱漆箱中，所以保存完好。孝端皇后（**万历皇帝朱翊钧的妻子**）的一顶，冠上三龙二凤。冠圈以金板圈成椭圆形，上染红彩，周围是用晶亮珍珠和各色宝石嵌成的花朵。冠壳外，用翠鸟的碧蓝色羽毛，贴出层层云海，上插三条立体的金龙。正中的一龙，昂首翘尾，口衔一串珍珠宝石制成的珠滴（**类似下垂的璎珞**），在彩云间奔腾，十分生动。冠的左右各有一龙，龙首伸向两侧，龙口衔一条珍珠宝石串成的"挑排结"（**似下垂的流苏**），下坠金累丝嵌宝石花三朵，立于翠云之端，充满活力。冠壳外的朵云间还点缀着八朵用珍珠和红、蓝宝石组成的大花朵，正面的主花上插有两只展翅飞翔的金丝凤凰，点出了凤冠的主题。冠后左右各垂博鬓三札，上面饰有珍珠、宝石和悬垂的璎珞。这六条尾翼使凤冠的外形显得丰满，更增添了美感效果。凤冠里面是漆竹丝做的圆锥，边缘镶有金制口圈。其他凤冠也大致如此，只是龙凤的数目不同。每顶凤冠上都镶有珍珠 5000 多颗、宝石 100 多块。其中有一块宝石价值白银五六百两，当时折合大米约 14 万斤。据说当时有些宝石是从锡兰、印度购进的。

礼服除凤冠外，尚有翟衣。衣为深青色，交领，大袖，织有翟纹，间以小圆花。领、袖、衣边等处镶有织金云龙纹。穿翟衣时内衬玉色纱中单，系与本服同等颜色花纹的蔽膝。还有玉革带、大带，青色袜、鞋，上面装有珍珠金饰。

皇后常服除凤冠外，还有真红大袖衣、霞帔、红罗长裙、红褙子。永乐时，衣服改用黄色大衫，圆领，右衽，宽袖，前胸绣有龙纹。深青霞帔，上饰珠玉等各种饰物，另有褙子、鞠衣、缘裙等，颜色、质料、花纹等都有规定。

皇帝与后妃服装多用织绣。明代织锦是有名的工艺品。定陵出土的袍服及成匹织锦，图案极其美丽，虽在地下三百余年，出土时仍然金光闪闪。尤其是孝靖皇后用的一件罗制的百子衣，上绣双龙寿字，周身用金线绣松、竹、梅、石、桃、李、芭蕉、灵芝等八宝及各种花草，并绣有百子。百子姿态各不相同：有捕捉小鸟的，有因猫捕蝶而按住打猫的，有捉迷藏的，有登上凳子摘桃的，有围在一起戏鱼的，有在水盆中洗澡的，又有在旁边喷水的，有放风筝的，有执伞盖的，有跳绳的，有看书的，也有假装教书先生的。神态自然，惟妙惟肖，反映了明代丝织工人高超的织绣技艺。当然，从这些光泽灿烂的丝织品后面，我们似可看到织工的斑斑血迹和泪痕。

孝端皇后凤冠

　　明代对授有封号官员的祖母、母亲、妻子的服饰也有严格规定。命妇的礼服用于朝见君后、参与祭祀等大典。主要有礼冠，明制规定，除皇后、嫔妃外，其他人不得戴凤冠。内外命妇的礼冠形状虽同于凤冠，但冠上不得用凤凰，只能用金翟。至明代中叶，这项规定已被打破。嘉靖时，权贵严嵩家就有凤冠十数顶，其装饰之富丽不亚于后妃冠。严嵩失势后，他的儿子严世蕃被杀，家产籍没，从他府邸中查抄出珍珠五凤冠就有六顶，珍珠三凤冠七顶。命妇礼服除礼冠外，还有霞帔、大袖衫、褙子等。礼冠上的珠翟及各种珠翠饰物，均依品级而增减。命妇礼服上的花纹是随同她们的丈夫或儿子所任官职品级而定的。

四、一般女服

明代一般女子的服装，基本沿袭唐、宋式样，恢复了汉族习俗，主要有袍衫、袄、霞帔、褙子、比甲、裙子等。按规定，民间女子只能用紫色绝，不能用金绣。如穿袍衫，只能用紫、绿、桃红及浅淡颜色，不能用大红、鸦青、黄色。士庶妻女所穿团衫，可以用纻丝、绫罗、绸绢，但都须浅色。至明代后期，禁令废弛，民间富有者也穿红袍，甚至有穿百花袍的。褙子，是女子的常用服装，样式和宋代的相仿，以对襟为主，下长过膝，也可当作礼服穿用。比甲，是一种无领无袖的对襟马甲，较后来的马甲为长。另有一种水田衣，是用各色零星绸缎拼凑而成的，因各种色彩相互交错形同水田而得名，简单别致，深得当时女子的喜爱。它颇似僧人的"百衲衣"，至民国时期，民间孩童也有穿这种衣服以讨吉利的。女子服饰中上衣下裙仍占一定比例，其长短随时变易。弘治年间（1488—1505）女子衣衫仅掩至裙腰；至正德（1506—1521）时衣衫渐大，裙褶渐多；嘉靖（1522—1566）初衣衫长大垂至膝下，裙则短而褶少。此后，随同经济的发展，"代变风移，人皆志于尊崇富侈，不复知有明禁"（张瀚《松窗梦语》）。女子一改过去的衣着朴素，竞相追逐鲜华绮丽。至明代晚期，裙子花样繁多，裙幅有增至 10 幅的。腰间褶裥也越密，有的每褶用一种颜色，五色俱有，但都颜色清淡，微风吹动，呈现出如皎月般的光泽，称作"月华裙";还有用绸缎裁成宽窄不等的条子,每条上绣有花纹,周边镶以金线,再以裙腰联结各条,并合而成的"凤尾裙",以及用整幅缎料折成的"百褶裙"。这种裙前面平展无褶,周围加有装饰的花边,里面填以彩绣花纹,左右两边打细褶,最多的有一百五六十褶。另有一种"合欢裙",与其他裙的不同处是自后向前围合的。明代各时期都有不同的流行颜色。明初浅淡,明末多用月白加各种绣饰、花边。明代女子大多缠足,有的穿弓鞋。弓鞋是一种尖头鞋,鞋尖上翘如弓,普遍采用高底。有两种:一种平跟,鞋底用多层粗布缝纳而成;另一种为高跟,在后跟部分衬以木块,以香樟木为底。老年女子穿平底鞋。凤头鞋仍是女子的一种鞋式,鞋上或绣花,或缀明珠。

五、梳妆

明初女子发式基本保持宋、元时的式样。嘉靖以后,花样日多。这时期的女子发髻有梳成扁圆形、顶部簪宝石花朵的"挑心髻";有将汉代堕马髻稍作变动,将侧垂髻梳成后垂状的;也有将发向上梳起,以金银丝绾结,顶上装点珠翠如纱帽般的高髻。另有一种牡丹头,是将头发梳至顶部,用发箍或丝带扎紧,再分成几股,每股向上卷至顶心,再用发簪绾住,梳成的发式蓬松如牡丹,故名"牡丹头"。与此梳法相似,只是变换卷发形式的还有"荷花头""芙蓉头"等。当时的苏州乡村有一首山歌唱道:"南山脚下一缸油,姊妹两个合梳头。大个梳做盘龙髻,小个梳做羊兰头。"这足见当时髻式名堂之多。此外,还有一种假髻,戴时罩在髻上,用簪挽住。到明末,发式更加繁多，有"罗汉髻""懒梳头""双飞燕"等等。

　　女子当时盛行戴珠箍。珠箍是以彩色丝带穿以珍珠，悬挂在额部，也是明代女子发上的特殊装饰。珠箍原是富贵人家女子的饰物，后来流行至一般女子。年轻女子还有戴头箍的风尚。式样用料不一，冬季多用毡、绒等，制成中间窄、两头宽的形状，外表覆以绸缎，加以彩绣，考究的还要缀以珠宝，两端有扣，用时围绕额上，扣在后面。因有御寒作用，又称"暖额"。富贵人家女子，冬天用水獭（tǎ）、狐、貂等兽皮制成的暖额，围在额上如兔蹲伏，故又名为"卧兔"。明、清小说中多有这种描写。头箍样式时有变化，开始较宽，以后又窄，到清初时只有一条窄边，系于额眉之上。另外还有以梳篦插于发际作为装点的。由于手工艺的进步，加工更趋精良，一种以金累丝工艺装饰花纹的梳子深受当时女子的喜爱。用鲜花绕髻，也是明代女子的时兴装饰。鲜花亮丽、清香，女子簪于发际，起坐、行走，都给人以神清气爽之感，这确是当时女子的一个聪明的装饰手段。

六、戎服

　　明代军用服饰有两种：一种是将士所穿的盔甲、战袄、战衣或战袍；一种是仪卫与仪仗队所穿的服饰。明代将士的护身武装，包括铁盔、身甲、遮臂、下裙及卫足等几个部分。同宋、元大体相似，但比较先进，多数用钢铁制作。在朝贺等大典时，侍卫官戴凤翅盔，穿锁子甲，锦衣卫将军为金盔甲，其他将军为红盔金甲、红皮盔锵（qiàng）金甲及描银甲等，悬金牌，持弓矢，佩刀，执金瓜、叉、枪等。这种武装更多一些装饰性。明初的战袄是为守边将士制作的，以质地厚实的麻衣制成，凡旗手、卫军、力士俱穿红袢（pàn）袄，其余卫所士兵着其他色袢袄。袢袄形制，长与膝齐，交领，窄袖，冬季用时内装棉花，有襻，是御寒的军装，用红、紫、青、黄四种颜色辨别部队。有的表与里分别用两种颜色，便于将士们变易服用，以表示新军号，被称为鸳鸯战袄。下裤有襻，名袒祈裤。此外还有罩甲。罩甲是半臂类的一种对襟外褂，圆领，无袖或短袖，左右开长衩至腰，衣长至腰下或膝下不等，上面或织绣或画有甲片花纹。穿时罩于袍袄之外，故名"罩甲"。据记载"罩甲之制，比甲稍长，比披袄减短。正德间（1506—1521）创自武宗。近士大夫有服者"（李翊《戒庵老人漫笔》），但军民皆禁止穿紫花罩甲。另有背心，比罩甲短小。明末兵勇们穿大袖布衣，外加黄布背心，称为"号衣"。

清代服饰

公元 1644 年，清军进入关内，占领北京。在清王朝统治的二百余年中，政治、经济发生了前所未有的急剧变化，鸦片战争（1840）后，列强侵入，我国由封建社会沦为半殖民地半封建社会。复杂多变的社会环境，也给服饰以冲击和影响。从服饰的发展历史看，清代对传统服饰的变革最大，服饰的形制也最为庞杂繁缛。可以说，这是一次在特殊情况下进行的服饰大变革。这种在北方骑射民族生活习惯影响下形成的服装，成为有清一代服装的基调。在这期间，服装始终没有脱离满式冠服的基本风格。它一直影响到民国，甚至到现在。

清朝定鼎中原后，统治者深知作为一个少数民族，仅凭军事、政治优势，远远不能长久统治这个国家。要长治久安，还必须在文化及其他各个领域占有优势。清顺治二年（1645）下剃发令，限军民等旬日尽行剃发，并俱用满洲服饰，不许用汉制衣冠。从此，男子一改束发绾髻为削发垂辫，以箭衣小袖、深鞋紧袜取代了宽衣大袖与统袜浅鞋。但从清代服饰中仍可看到对前代服饰某些方面的保留，如衮服、朝服的十二章纹；官服朝褂的补子；官员帽顶所用珠玉、珊瑚、宝石、金银的等差，以及以贵妇朝冠上所缀的金凤、金翟的数目多少区分等级的制度。可见，服饰的演变改革自有其延续性，可用之处自会保留，是难以完全摒弃的。清王朝后期，内忧外患迭起，为挽救王朝的没落，清末洋务派开展了洋务运动：训练军队，筹设海防，建立新式的海陆军，创办军事工业。为培养洋务人才，除在国内一些地方设同文馆等学馆外，并派遣学生出国学习。自同治四年（1865）开始，至光绪时期，先后几次选派学生至东洋、西洋学习军事技术知识。留学生到国外，就剪掉了辫子，开始穿西装。以后，清政府开办学堂，操练新军，采用了西式的操衣和军服。学生和军队的服饰也有了改变。

一、官服

清代官服制度，同样反映了清代社会政治制度的特点。清统治者是以骑射武力征服了腐朽的明王朝，要维持统治，巩固政权，就要不忘这一根本。反映在服饰的典章制度中也是以"勿忘祖制"为戒。清太宗皇太极崇德二年（1637）就曾谕告诸王、贝勒："我国家以骑射为业，今若轻循汉人之俗，不亲弓矢，则武备何由而习乎？射猎者，演武之法；服制者，立国之经。嗣后凡出师、田猎，许服便服，其余悉令遵照国初定制，仍服朝衣。并欲使后世子孙勿轻变弃祖制。"（《清史稿·舆服志》）作为载入史册的清代官服定制，是乾隆皇帝所定，距清定都北京已近百年。直至清末，官服制度再无大的变动。这是一套极为详备、具体的规章，不许僭越违制，只准"依制着装"。上自皇帝、后妃，下至文武官员以及进士、举人等，均得按品级服用。

清代朝冠

　　清代官服中的礼冠，名目繁多，用于祭祀庆典的有朝冠；常朝礼见的有吉服冠；燕居时有常服冠；出行时有行冠，下雨时有雨冠等。每种冠制都分冬夏两种，冬天所戴之冠称暖帽，夏天所戴之冠叫凉帽。

　　皇帝朝冠，冬天的暖帽用薰貂、黑狐。暖帽为圆形，帽顶穹起，帽檐反折向上，帽上缀红色帽纬，顶有三层，用四条金龙相承，饰有东珠①、珍珠等。凉帽为玉草②或藤竹丝编制而成，外裹黄色或白色

---

　　① 东珠：松花江下游及其支流所产的珍珠。
　　② 玉草：满语叫"得勒苏"，是东北地区常见的一种草，高且有韧性，中间空，牙白色，类似麦秸，较坚硬。满人进关后，以其为满族发祥地的产物，而起名"玉草"，并列为贡品。

绫罗，形如斗笠，帽前缀金佛，帽后缀舍林，也缀有红色帽纬，饰有东珠，帽顶与暖帽相同。皇子、亲王、镇国公等的朝冠，形制与皇帝的大体相似，仅帽顶层数及东珠等饰物数目依品级递减而已。皇帝的吉服冠，冬天用海龙、薰貂、紫貂，依不同时间戴用。帽上亦缀红色帽缨，帽顶是满花金座，上衔一颗大珍珠。夏天的凉帽仍用玉草或藤竹丝编制，红纱绸里，石青片金缘，帽顶同于冬天的吉服冠。常服冠的不同处是帽为红绒结顶，俗称算盘结，不加梁，其余同于吉服冠。行冠，冬季用黑狐或黑羊皮、青绒，其余如常服冠。夏季以织藤竹丝为帽，红纱里缘。上缀朱氂。帽顶及梁都是黄色，前面缀有一颗珍珠。

　　文武官员的朝冠式样大致相同，品级的区别，一是在于冬朝冠上所用毛皮的质料不同，而更主要的区别是在冠顶镂花金座上的顶珠，以及顶珠下的翎枝不同。这就是清代官员显示身份地位的"顶戴花翎"。顶珠的质料、颜色依官员品级而不同。一品用红宝石，二品用珊瑚，三品用蓝宝石，四品用青金石，五品用水晶石，六品用砗磲（chē qú，**一种南海产的大贝，古称七宝之一**），七品用素金，八品镂花阴纹，金顶无饰，九品镂花阳纹，金顶。雍正八年（1730），更定官员冠顶制度，以颜色相同的玻璃代替了宝石。至乾隆以后，这些冠顶的顶珠基本上都用透明或不透明的玻璃，称作亮顶、涅顶的来代替了。如，称一品为亮红顶，二品为涅红顶，三品为亮蓝顶，四品为涅蓝顶，五品为亮白顶，六品为涅白顶。至于七品的素金顶，也被黄铜所代替。顶珠之下，有一枝两寸长短的翎管，用玉、翠或珐琅、花瓷制成，用以安插翎枝。翎有蓝翎、花翎之别。蓝翎是鹖羽制成，蓝色，羽长而无眼，较花翎等级为低。花翎是带有"目晕"的孔雀翎。"目晕"俗称为"眼",在翎的尾端,有单眼、双眼、三眼之分,以翎眼多者为贵。顺治十八年(1661)曾对花翎做出规定,即亲王、郡王、贝勒以及宗室等一律不许戴花翎,贝子以下可以戴。以后制定:贝子戴三眼花翎;国公、和硕额驸^①戴双眼花翎;内大臣,一、二、三、四等侍卫、前锋、护军各统领等均戴一眼花翎。

清初,花翎极为贵重,唯有功勋及蒙特恩的人方得赏戴。康熙时,福建提督施琅以平定台湾功第一,诏封靖海侯,世袭不变。而施琅却上疏辞却侯爵,恳请依内大臣之例赐戴花翎。经部议,在外将军、提督没有给翎先例。最后,还是由康熙帝特别降旨赐戴。以世袭侯爵换取一翎,足见当时花翎之贵重。而"顶戴花翎"也就成为清代官员显赫的标志。到清中叶以后,花翎逐渐贬值。道光、咸丰后,国家财政匮乏,为开辟财源,公开卖官鬻爵,只要捐者肯出钱,就可以捐到一定品级的官衔,穿着相当的官服,荣耀门庭,欺压地方。清代小说《红楼梦》写秦可卿死后,贾珍因贾蓉不过是个"黉(hóng)门监生",写在灵幡上不大好看,就用1000两银子为贾蓉捐了个五品职衔的龙禁尉,使葬礼风光了许多(《红楼梦》第十三回)。清初极为难得的翎枝,此时也明码标价出售。开始是广东洋商(**专营对外贸易的商人**)伍崇曜、潘仕成捐输十数万金,朝廷无可嘉奖,遂赏戴花翎。以后,海疆军兴,捐翎之风更盛,花翎实银10 000两,蓝翎5000两。以后又援照捐官之项折扣,数目很少,捐者遂多。咸丰九年(1859)时,条奏捐翎改为实银,不准折扣,花翎7000两,蓝翎4000两。此时的顶戴花翎其实已变了味道,但其象征荣誉的作用依然存在。直

---

① 和硕额驸:官名。清代制度,和硕公主(妃嫔的女儿)的丈夫称为和硕额驸。

至晚清，李鸿章因办洋务有功，慈禧赏他戴三眼花翎。

　　服饰有衮服、朝服、龙袍、常服袍、行袍、端罩、蟒袍、补服、行褂等。衮服、朝服、龙袍是皇帝的礼服。衮服在举行大典时穿用，罩于龙袍外面。石青色，绣五爪正面金龙四团，两肩前后各一，绣日月章纹，前后绣篆文"寿"字，间以五色云纹。这是在传统衮服上加以改制的。清代皇帝穿龙袍、衮服的时候较多。如每年的皇帝亲耕，或去皇太后宫请安以及授出征大将军敕印，受俘、凯旋、皇帝万寿节等吉庆大典时都用。朝服用于殿廷朝会、重大军礼、外藩朝觐等。冬夏朝服都用明黄色，只在祀天时用蓝色，衣前后除绣龙外，还绣有十二章纹，间以五色云纹。龙袍，是次一等的礼服，明黄色，绣九条龙、十二章纹及五色云纹饰。龙袍下幅，斜向排列许多弯曲线条的水脚，上有波涛翻滚的水浪，水浪之上立有山石宝物等，寓有"一统山河""万世升平"等吉祥含意。龙袍的制作极为考究。清代龙袍，往往先由清宫第一流工师精心设计，经皇帝审定、认可后，才派专差送苏杭等地督造。有时一件袍料即费工 190 天。其特种袍服，用孔雀尾捻线，上缀米粒大珍珠，绣成龙凤或团花图案，费工之多，用料之奢侈，骇人听闻。常服袍是日常处理政务时穿的服装，前后左右开衩，颜色花纹随意。除皇帝外，宗室成员都可以穿这种四开衩袍，其他人非经特恩准许，不得穿用。行袍为出巡、骑马时的服装，形制大体如常服袍，只是袍长略短，大襟右下角较左面短有一尺，故又称缺襟袍。不骑马时可用纽扣将所缺部分连上，便与普通袍服相同。文武官员都有行袍。只有皇帝御用的缺襟袍为四开衩，宗室亦用两开衩。端罩是一种毛朝外的皮褂子，对襟、圆领、平袖，身长至膝，满语叫"打呼"。

依清代官服制度，皇帝及一般官员都有，为冬季朝贺或其他典礼时内衬龙袍或蟒袍以及着朝服时穿用。这是满族衣皮遗风在官服制度上的反映。按规定各人使用不同的毛皮。皇帝、皇子用紫貂皮面，明黄或金黄缎作衬里；亲王、郡王、贝勒、贝子等用青狐皮面，月白缎里。至于下级官员，如一等侍卫等就只能穿猞猁狲（sūn）之类了。康熙以来，又以玄狐为贵重，貂皮次之，猞猁狲更次，遂规定玄狐唯有王公以上才可以穿用，且非阁臣不得赏赐。其他人的端罩衬里为白、蓝、黑、红等与黄色距离较远的颜色。

清代龙袍

蟒袍，也叫"花衣"。蟒与龙形近，但蟒衣上的蟒比龙少去一爪，为四爪龙形。蟒袍是官员的礼服袍。皇子、亲王等亲贵，以及一品至七品官员俱有蟒袍，以服色及蟒的多少分别等差。如皇子蟒袍为金黄色，亲王等为蓝色或石青色，皆绣九蟒。一品至七品官按品级绣八至五蟒，都不得用金黄色。八品以下无蟒。凡官员参加三大节①、出师、告捷等大礼必须穿蟒袍。

清代礼服的衣袖也有特点，袖端做成马蹄形，俗称"马蹄袖"。以常服代礼服穿时，也需另做马蹄袖，用纽扣连于袖口，行礼时放下，礼毕解去，袍仍为常服。男子及八旗女子都用。

官员礼服的另一种是补服，也叫补褂，是比袍短比褂长的一种过膝长褂，对襟，平袖过肘，前胸后背各缀一块纹饰不同的补子，是清代官服中主要的服装。褂罩在袍服外面，增减方便，是满族风习，也是清代官服的又一特点，与顶戴同为品官级别的重要标志。补子有圆形、方形两种。贝子以上用圆形补，国公以下用方形补。补上纹饰因各人等级而有正龙、行龙、正蟒、行蟒的区分。因袭明代，官员补褂的补子也以所绣禽鸟、猛兽纹饰表示官员品级的高低。文官一品的补子绣鹤，二品绣锦鸡，三品绣孔雀，四品绣雁，五品绣白鹇，六品绣鹭鸶，七品绣溪鶒，八品绣鹌鹑，九品绣练雀；武官一品的补子绣麒麟，二品绣狮，三品绣豹，四品绣虎，五品绣熊，六品绣彪，七品、八品绣犀牛，九品绣海马。凡都御史（一品）、副都御史（三品）、给事中（五品）、监察御史（从五品）、按察史、各道的补服绣獬豸。补褂是品官标志，不得混用。乾隆时，副都统（武官二品）金简代理户部侍郎（文官二品），自以为身兼文武二职，遂别出心裁，

① 三大节，指元旦、万寿、冬至三节，参看《大清会典》《大清通礼》《清实录》等。

于武二品补褂的狮子尾端另绣一只小锦鸡立于其上。乾隆皇帝见而大笑，随即降旨严加训斥，说他是私造典礼（徐珂《清稗类钞》）。一般官员也有常服袍、褂，平时穿用，颜色、花纹不限。一般官员的行褂比常服褂短，袖长及肘，石青色，扈从也可以穿。

清代还有一种黄马褂，是较受荣宠者的服装。巡行扈从大臣，如御前大臣、内大臣、内廷王大臣、侍卫什长，都例准穿黄马褂，褂用明黄色。正黄旗官员的马褂用金黄色。清代皇帝对"黄马褂"格外重视，常以此赏赐勋臣及有军功的高级武将和统兵的文官，被赏赐者也视此为极大的荣耀。赏赐黄马褂也有"赏给黄马褂"与"赏穿黄马褂"之分。"赏给"是只限于赏赐的一件，"赏穿"则可按时自做服用，不限于赏赐的一件。如乾隆时曾给提督段秀林赏穿黄马褂。段秀林为官古北口，一次随驾扈从热河，乾隆帝召见时，见他须发皆白，便问他尚能骑射否。段秀林答："骑射乃武臣之职也，年虽老，尚能跨鞍弯弧，为将士先。"乾隆帝遂在官门前悬鹄一只，令段试射。段秀林一箭中鹄，乾隆大喜。为奖励其武功，便赏穿黄马褂。到清代中、晚期，得此荣耀者为数较多，僧格林沁、左宗棠、李鸿章等均蒙恩赏穿。

冠服之外的其他附件，有朝服的披领、颈间的硬领和领衣、朝珠、腰间的束带等。披领，又名披肩，是清代皇帝、后妃及王公大臣、文武官员、命妇等穿大礼服时加在颈间披于肩上的，非遇隆重典礼，不准乱戴。披领为菱角形，一角圆而凹，作领口，系于颈项，另二角圆而锐，披于肩背。冬夏所用不同：夏用纱罗，为石青色加片金缘；冬用貂鼠皮毛，面上绣以不同纹饰，以区别尊卑等级。皇帝、皇后披肩绣二条行龙。国公等绣蟒。清代礼服没有领，需在袍上另加硬领。春

秋季时，硬领用湖色缎，夏季用纱，冬季用皮毛或绒。领衣是连接在
硬领之下的前后两块长片，前面开衩如衣襟，有纽扣系结，下端束于
腰间。因其形状如牛舌，俗称"牛舌头"。考究的领衣用锦缎或绣花。
朝珠，是清代礼服中颇具特色的佩饰。据说清太祖努尔哈赤早年经常
手持念珠，诵经念佛，影响所及，满族百姓无论男女皆以颈挂念珠为
饰。入关后，这一习俗进而演变为礼服中的佩饰。朝珠也是108颗，
与念珠数目相同。不同的是，朝珠每隔27颗即夹入一颗大珠，名为
"佛头"，通常用珊瑚、玛瑙、翡翠制作，一串共有4颗大珠，挂在
颈上，前三后一，据说是象征四季。朝珠两边附有三串小珠名"纪

清代朝珠

念"。每一纪念上再缀 10 颗小珠，象征一个月上、中、下旬的 30 天。朝珠顶端的佛头上连缀一个塔形装饰，名"佛头塔"，下面垂有丝绦，上面连接一个椭圆形的玉片。戴朝珠时，玉片处于后背，故名"背云"。按《大清会典》规定：自皇帝、后妃、王公以下，文官五品以上，武官四品以上，以及翰詹、科道、侍卫、礼部、国子监、太常寺、鸿胪寺等处官员都可在行大礼时佩挂朝珠，其他人则不许。悬挂朝珠，男女有别，男子为两串"纪念"在左，女子为两串"纪念"在右。朝珠所用质料，因人身份而定。皇帝朝珠用东珠，其他佛头、纪念、背云等因场合而不同，如祀天用青金石，祀地用蜜珀，朝日用珊瑚，夕月用绿松石，丝绦都用明黄色。皇后需戴三盘朝珠，中间一盘用东珠，左、右两盘用珊瑚、佛头等用珠宝，丝绦明黄色。妃嫔穿朝服时都挂三盘朝珠，质料依次减等，丝绦用金黄色。其他王公大臣，除不许用东珠、珍珠及明黄色丝绦外，其他珊瑚、玛瑙、翡翠、蜜珀、琥珀、碧玺等不限。朝带，皇帝、文武官员穿朝服时需系腰带。带用丝织，上嵌四块金属版为装饰，带上配有荷包等饰物。版有圆版、方版之分。皇帝朝带有两种制式，都是明黄色。一种用四块龙纹圆版，饰有红、蓝宝石或绿松石，嵌东珠、珍珠。左右佩汗巾或飘带、风带等，用于大典礼时。另一种用龙纹金方版四块，祀天时饰青金石，祀地用黄玉，也嵌东珠及其他佩饰物。皇子朝带用金黄色，金嵌玉方版四块，饰东珠四颗，中间嵌一猫眼石。亲王、郡王、贝子等珠饰递减。品官朝带为青色或蓝色，各级方版圆版不同，饰物亦有等差。清制规定：带，亲王以下宗室成员都束金黄带，觉罗①束红带。非上赐，带

---

① 清代制度，只有显祖塔克世（努尔哈赤的父亲）的直系子孙始得称"宗室"，其伯叔兄弟的旁支子孙称"觉罗"。

不得给予异姓。两种带色的区分也很严格，不能混用。

冠服的穿戴及使用都有规定，服饰四时更换，每年由宫中传出邸抄给各部署执行。至清代后期，服饰的禁例多已被打破。

二、男服

一般男服有袍、褂、袄、衫、裤等。长袍，又称旗袍，原是满族衣着中最具代表性的服装。清兵入关后，全国军民在必须"剃发易服"的命令下，汉族也迅速改变了原来宽袍大袖的衣式，代之以这种长袍。旗袍于是成为全国统一的服式，成为男女老少一年四季的服装。它可以做成单、夹、皮、棉，以适应不同的气候。旗袍的样式为圆领、大襟、平袖、开褉。随着社会的发展，旗袍也在演变，尤其是女子的旗袍，变化较多。总的趋势是更加符合人们实际生活的需要。到民国时期，这种长袍仍是一些正式场合的服装。与长袍配套穿着的是马褂，罩于长袍之外，原是骑马时常穿的一种外褂，因便于骑马，故称"马褂"。其式为圆领，有开衩，有扣襻，长仅及腰。马褂亦有单、夹、皮、棉之分。满族进关之初，马褂仅限于八旗士兵穿用。康熙（1662—1722）末年，富家子弟开始穿着。雍正时（1723—1735），穿者日多。以后传至民间，不分贵贱，逐渐作为一种礼服。马褂有对襟、大襟、琵琶襟等式样。其中一种叫得胜褂，对襟方袖，最初仅用于行装，自从傅恒[①]征讨大小金川回京后，喜爱它的便捷，平时经常穿着，

---

① 傅恒：富察氏，字春和。清高宗（弘历）皇后弟。官至保和殿大学士兼军机大臣。曾督师指挥大金川之战，并参与筹划平定准噶尔部的战争，封一等公。

随即风行一时。翻毛皮马褂，是达官贵人们的服装。坎肩，或叫马甲、背心，清代很时兴。坎肩是由汉族的"半臂"演变而来，无领、无袖、对襟，穿脱方便，有的还套在长袍外面起装饰作用。清代坎肩在用料、做工上十分讲究，式样变化也多。"巴图鲁"坎肩比较特殊。"巴图鲁"是满语"勇士"的意思，其式样如南方的"一字马甲"，在一字形的前襟上装有排扣，两边腋下也有纽扣。当时在京师八旗子弟中甚为流行。后来在它两边的袴襕（lán）处加上袖子，称作"鹰膀"。《红楼梦》中写贾宝玉与众姐妹相约到芦雪庭观雪景，宝玉就"穿一件茄色哆罗呢狐狸皮袄，罩一件海龙小鹰膀褂子"（《红楼梦》第四十九回）。八旗子弟骑马时常穿这种"鹰膀褂子"以显威风。坎肩既有装饰作用，又有实用价值，至今仍是人们喜着的衣服。长衫、袍褂是清代男子的主要礼服，官吏所穿的开两衩。另有一种冬季穿的不开衩的长袍称"一裹圆"，是市民百姓的服装，官绅人家也常以它作为日常便服。

　　清代服装的颜色比较丰富，民间除不准使用黄色、香色（介于黄、绿之间的颜色）外，朝廷限制不多。然而人们的喜好和社会的时尚，各时期不同。清初流行蓝色，人们取其清淡、明快，于是天蓝、宝蓝等色受到人们喜爱，甚至影响到皇宫内院；乾隆中期，崇尚玫瑰紫，人们爱其"红火"，于是围绕红色的大红、真红、枣红、粉红等又成为男女老少服装首选的颜色；乾隆末年，福康安①喜穿深绛色，人们争相仿效，称为"福色"。"福"既代表绛色，又蕴含福气，人们愿借"福"色衣获得幸福，故绛色又风靡一时；至嘉庆（1796—

---

① 福康安：富察氏，字瑶林。大学士傅恒之子，任户部尚书、军机大臣、封疆大吏等职，生活极度奢侈。

1820）末期，又一反绛色的深暗而追求鲜亮洁净的浅灰、亮灰、银灰等色彩。

清代男子不分长幼，一年四季都要戴帽，这可能与满族的习俗有关。帽有礼帽与便帽。礼帽分暖帽与凉帽两类。暖帽用于寒冷季节，是缎子或呢绒、毡子做成的圆形帽，四周卷起约二寸宽的帽檐，依天气冷暖分别镶以毛皮或呢绒。凉帽，形如斗笠，一般百姓的凉帽是用竹、藤丝编织的。便帽，最常见的是瓜皮帽，帽由六瓣缝合而成，上尖下宽，呈瓜棱形，圆顶，顶部有一红丝线或黑丝线编的结子。为区别前后，帽檐正中钉有一块明显的标志叫作"帽正"的。贵族富绅多用珍珠、翡翠、猫眼等名贵珠玉宝石，一般人就用银片、料器之类。八旗子弟为求美观，有的在帽疙瘩上挂一缕叫作"红缦"的一尺多长的红丝绳穗子。这种形制也有变化。咸丰（1851—1861）初，"帽正"已为一般人所不取，为图方便，帽顶又作尖形。帽为软胎，可折叠放于怀中。一般市贩、农民所戴的毡帽，也沿袭前代式样。冬天人们多戴风帽，又称"观音兜"，因与观音菩萨所戴相似而得名。清代男子着便服时穿鞋，着公服时穿靴。靴多用黑缎制作，尖头。清制规定，只有官员着朝服才许用方头靴。

三、贵妇冠服

女子服饰中的最高等级是皇后、皇太后，亲王、郡王福晋（**满语"妻子"，译为"夫人"**），贝勒及镇国公、辅国公夫人，公主、郡主等皇族贵妇，以及品官夫人等命妇的冠服。它与男服大体类似，只是冠饰略有不同。

冠有朝冠、吉服冠，分冬夏二种。皇太后、皇后朝冠，极其富丽。冬用薰貂，夏用青绒，上缀红色帽纬，顶有三层，各贯一颗东珠，以金凤相承接，冠周缀七只金凤，各饰九个东珠，一个猫眼石，21颗珍珠。后饰一只金翟，翟尾垂珠，共有珍珠302颗。中间一个金衔青金石结，末缀珊瑚。冠后护领垂二条明黄色条带，末端缀宝石。皇后以下的皇族女子及命妇的冠饰依次递减。嫔朝冠承以金翟，以青缎为带。皇子福晋以下将金凤改为金孔雀，也以数目多少及不同质量的珠宝区分等级。冠饰还有金约、耳环之类的饰物。金约是用来约发的，戴在冠下，这也是清代贵族女子特有的冠饰。金约是一个镂金圆箍，上面装饰云纹，并镶有东珠、珍珠、珊瑚、绿松石等。耳饰，按清制规定："左右各三，每具金龙衔一等东珠各二。"原来满族女子的传统习俗是一耳戴三钳，与汉族女子的一耳一坠不同。就是说，满族女子小时即需在耳垂上扎三个小孔，戴三只耳环，一个小小的耳垂负担三只耳环，其苦可知。而皇后耳饰的重负，无异于一种刑罚。但满族统治者却乐此不疲，一再强调，不许更改。乾隆皇帝特为此事下过诏谕："旗妇一耳戴三钳，原系满洲旧风，断不可改饰。朕选看包衣佐领之秀女，皆带一坠子，并相沿至于一耳一钳，则竟非满洲矣，立行禁止。"（徐珂《清稗类钞》）以致到民国时期，满洲女子中仍有沿此陋习的。

顶三层
金凤
朱纬
金凤
薰貂（青绒）
金约
领约
披领
朝褂
片金缘
朝珠
朝袍
行龙
马蹄袖
行龙
八宝平水
寿字
彩帨
貂缘
朝裙

清代皇后朝服图解

服饰有朝褂、朝袍、朝裙、龙褂、龙袍、吉服褂、命妇蟒袍、彩帨、朝珠等。皇后朝褂，有三种服式，俱用石青片金缘为饰。绣纹皆用龙，或正龙，或飞龙，下摆或用行龙，或用八宝平水及万福万寿等纹样。朝袍亦有三式，都用明黄色锦缎制作，上织龙纹。另有龙褂二式，石青色，上绣金龙。一式下幅为八宝立水，袖端各绣二行龙；另一式下幅及袖端不施花纹。龙袍有三式，都用明黄色，领、袖为石青色，都绣金龙，区别主要在于龙纹的不同，纹饰的多少。除袍、褂外，服饰不可少的还有领约。这也是清代贵族有封号女子的服饰之一。领约为圆箍形，上面装饰珠宝，套于领外，约束衣领。皇后领约，镂金，上饰东珠 11 颗，间以珊瑚，两端垂明黄绦二，中间贯以珊瑚，末缀绿松石各二。妃嫔等的珠饰减为七颗。朝珠，皇太后、皇后穿朝服时所戴的三盘朝珠，一盘为东珠，挂在正中，两盘珊瑚珠，从左右肩过各挂一盘，交叉于胸前。穿吉服时挂一盘朝珠，珍宝随意。彩帨是贵族女子穿朝服时垂系于腰前的装饰，下端呈三角形，上面绣织花纹。皇后彩帨为绿色，绣纹为"五谷丰登"，佩箴管、縏帨（小袋）等。绦都是明黄色。依照不同身份等级，色彩与绣纹也有区别。贵妃、嫔绣"云芝瑞草"，皇子福晋为月白色，没有绣纹。命妇袍服与此形制大体相似，只是颜色、纹样不同，其袍、褂俱随丈夫或儿子品级而定。

四、一般女服

清代女子服饰有满、汉两种。满族女子一般穿长袍；汉族女子仍以上衣下裙为主。清中期以后也相互仿效。

　　满族女子的长袍，圆领、大襟，袖口平大，长可掩足。外面往往加罩短的或长及腰间的坎肩。贵族女子的长袍多用团龙、团蟒的纹饰，一般则用丝绣花纹。袖端、衣襟、衣裾等镶有各色花绦或彩牙儿。满族女子旗袍还时兴"大挽袖"，袖长过手，在袖里的下半截，彩绣以各种与袖面绝不相同颜色的花纹，将它挽出来，以显示另种风致和美观。领与袍分离是清代初期旗袍的又一特色。女子穿旗袍时也需戴领子。这是一条叠起约二寸宽的绸带子，围在脖上，一头掖在大襟里，一头垂下，如一条围巾。至同治、光绪时期（1862—1908），逐渐出现带领的袍、褂，至坎肩也有领子。领的高低也在不断变化。民国以后，已经没有不带领的袍、褂了。这种长袍以后演变为汉族女子的主要服装——旗袍。

满族女服

　　满族女子的鞋极有特色。以木为底，鞋底极高，类似今日的高跟鞋，但高跟在鞋中部。一般高一二寸，以后有增至四五寸的，上下较宽，中间细圆，似一个花盆，故名"花盆底"。有的底部凿成马蹄形，故又称"马蹄底"。鞋面多为缎制，绣有花样，鞋底涂白粉，富贵人家女子还在鞋跟周围镶嵌宝石。这种鞋底极为坚固，往往鞋已破毁，而底仍可再用。新妇及年轻女子穿着较多，一般小姑娘至十三四岁时开始用高底。清代后期，着长袍穿花盆底鞋已成为清宫中的礼服。

　　汉族女子的服装较男服变化为少，一般穿披风、袄、裙。披风是外套，作用类似男褂，形制为对襟，大袖，下长及膝。披风装有低领，有的点缀着各式珠宝。里面为上袄下裙。裙子初期还保存明代遗风，有凤尾裙、月华裙等式样，以后随时代推移，裙式也不断发展，创制不少新式裙样，如一种"弹墨裙"，也叫"墨花裙"，是在浅色绸缎上用弹墨工艺印出黑色小花，色调素雅，很受女子喜爱。以后也有在裙上装饰飘带的，有在裙幅底下系小铃的，还有一种在裙下端绣满水纹的，裙随人体行动，折闪有致，异常美观。同治年间（1862—1874），时兴的"鱼鳞百褶裙"是对传统百褶裙的发展，即在裙子折裥之间用丝线交叉串联，裙在展开时犹如鱼鳞一般，新颖多彩。裙、衫的长短搭配也时有变化。清初时仍沿袭明嘉靖以来的遗风，上衣较长，裙子露出较短，不遮双足；晚清以后，衣与裙渐短，衣长至胯，裙在脚面以上；辛亥革命后，变化更大，尤其知识女子多着圆翘小袄，配以长褶裙，颜色协调，显得端庄大方，清秀淡雅。清代后期，南方又流行过不束裙而着长裤，裤多为绸缎制作，上面绣有花纹。另外，还有背心，长可及膝下，多镶绲边。冬季所穿皮衣，有的将里面的毳毛露在外面，叫"出锋"。清代中期以后，女子冬季流行披斗篷，还有采自西式的大衣，也有沿用明代云肩的。

清代女子服饰的一个重要特征，是大量使用花边。花边的使用在我国已有2000多年的历史，最初加在领口、袖口、衣襟、下摆等易磨损处，以后成为一种装饰而蔚然成风。清代后期，有的整件衣服用花边镶绲，多至数层。

清代衣服式样的变化极多。同治、光绪年间，男女衣服务尚广博，袖宽至一尺有余。及经甲午战争、八国联军入侵，外患迭起，朝政变更，衣饰起居，多改革旧制。短袍窄袖，好为武装，且较为新奇，日益时兴。至清代后期，纺织、科技的进步促使服饰的用料及花纹也更为丰富多样。服装材料主要有绫、罗、锦、绸、绢、葛、衲纱、闪缎、羽纱、哔叽缎、漳绒、剪绒、细布，等等。颜色除明黄、金黄、香色一般人不能用外，天青色、玫瑰紫、深绛色、泥金、樱桃红、高粱红、浅粉、浅灰、棕色等都是一般人喜爱的颜色。花纹则不仅造型优美，而且寓有深意。统治阶级专用的龙、蟒、凤、翟，威严而庄重。一般的福、禄、寿字，江山万代、富贵不断，团鹤、团花、八宝、八吉祥以及法轮、宝盖、宝剑、蝙蝠、如意、卍字、云板、花篮、竹筒等图案，都寓有吉祥如意等美好祝愿。清代后期，还出现许多近于写实的花纹，如寿桃、喜鹊、云鹤、牡丹、佛手、石榴、梅、兰、竹、菊等，甚至山水亭榭的风景以及仕女人物也都织成各种纹样，反映了战乱年代人们日趋求实的精神。

五、梳妆

满族女子的发式变化较多,孩童时期与男孩相差无几。《红楼梦》描述了贾母八旬大寿时的排场,"邢夫人王夫人带领尤氏凤姐并族中几个媳妇,两溜雁翅,站在贾母身后侍立……台下一色十二个未留头的小丫头,都是小厮打扮,垂手侍候"(《红楼梦》第七十一回)。这未留头的小丫头就是男装打扮的女孩子。女孩成年后,方才蓄发挽小抓髻于额前,或梳一条辫子垂于脑后。已婚女子多绾髻,有绾至头顶的大盘头,额前起髼(péng)的髼头,还有架子头。"两把头"是满族女子的典型发式。这种发式使脖颈挺直,不得随意扭动,以此显得端庄稳重。梳这种发髻者多为上层女子。一般满族女子多梳如意头,即在头顶左右横梳两个平髻,似如意横于脑后。劳动女性只简单地将头发绾至顶心盘髻了事。以后受汉髻影响,有的将发髻梳成扁平状,俗称"一字头"。清末,这种发髻越增越高,有如牌楼,名"大拉翅"。

汉族女子的发髻首饰,清初大体沿用明代式样,以后变化逐渐增多。清中叶,模仿满族宫女发式,以高髻为尚。将头发分为两把,俗称"叉子头"。又有的在脑后垂下一绺头发,修成两个尖角,名"燕尾式"。后来还流行过圆髻、平髻、如意髻等式样。此外,还有许多假髻,有蝴蝶、罗汉鬏、双飞燕、八面观音等。清末又有苏州厥、巴巴头、连环髻、麻花等式样。年轻女孩多梳蚌珠头,或左右空心如两翅样的发式,或只梳辫垂于脑后。以后梳辫渐渐普及,成为中青年女子的主要发式。头饰，北方女子冬季多用"昭君套"，是用貂皮制作覆于额上的。《红楼梦》中写刘姥姥见到"那凤姐家常带（戴）着紫貂昭君套，围着那攒珠勒子"（《红楼梦》第六回）就是这种打扮。江南一带还时兴戴勒子，上缀珠翠，或绣花朵，套于额上掩及耳间。髻上饰物还有簪，用金、银、珠玉、翡翠等制作，有的做成凤形而下垂珠翠，有如古代的步摇。还有的做成各种花形，行走时轻微摇动，华丽而动人。

六、戎服

清代早期的武士服装，也用马蹄袖。头盔有皮革和铁制两种。盔周围垂貂尾、獭尾、朱牦、雕翎等装饰物。有垂于后面的护领。武将所穿铠甲，有明甲、暗甲、绵甲、铁甲，形式是上衣下裳，有护肩、护腋及护心镜。穿盔甲时，腰旁挂撒袋贮放弓矢。一二品官的撒袋用皮革，六品以下加红黄线，兵丁用黑革。自火器发明后，这种盔甲已不大用了。另有藤牌营、绿营兵，戴虎帽，穿黄布虎纹衣。一般士兵穿短衣窄袖的紧身袄裤，加镶边背心。背心胸背各有一圆圈，内书"兵""勇"等字样。水兵短衣窄袖，襟前也有标明某船的字样。

光绪三十一年（1905）定陆军新制服，分礼服与常服。衣服用开襟，戴军帽，帽前有黑色遮阳（冬季不用）。军官及骑兵穿皮靴，步兵穿宽紧（有松紧带的）皮鞋，打麻布裹腿。上衣佩有肩章、领章、袖章，并用团蟒、金辫、红丝辫等分别等级。军服的礼服为天青色，常服冬季用深蓝色，夏季用土黄色。在新式军服实行后，军营中也仍有用顶戴花翎的。

辛亥革命后，服饰起了根本性变化。清代官服的顶戴花翎被废弃，而更重大的改革是剪去了发辫，取消了服饰等级差别。人们的服饰趋向实用、简便、美观，花色、式样日新月异，从而出现异彩纷呈的局面。

第十章

结束语

　　纵观 5000 年服饰发展史，我们可以看出，作为我国古代文化组成部分的古代服饰文化是那样的丰富和绚丽多彩。几千年来，我国古代服饰始终保持着中华民族固有的特色，而又不断吸取外来适用的东西。到了清代，服饰品种的繁多、色泽的艳丽、质地的优良以及制作的精美，可以说已达到高峰。这些都充分显示了劳动者的聪明和才智，体现了他们的匠心和创造精神，说明只有千百万劳动人民才是我国灿烂文化的创造者。

　　今天，当我们面对丰富多彩的服饰文化，会由衷地感谢大自然的启示和赐予，是大自然的严寒酷暑、风雨雷电的刺激，使我们的老祖先有了创制衣裳鞋帽的需求，让人类在漫长的发展过程中，生息繁衍，日趋壮大；又是大自然中花草树木、日月星辰、山川溪流、鸟语兽鸣，启迪了祖先的智慧和灵感，从中获得了美的感受，进而勾画了服饰的蓝图。传统官服中的十二章纹明显地取自大自然的种种物象，更不必说那些色彩斑斓、花样繁多的绣织品了。

古代服饰强烈地反映着等级、名分的差别。在阶级社会里，历代的统治者利用各种手段，其中也包括服饰织造，体现他们的意志，表现他们的特权，巩固、加强他们的统治地位，以维护其权势的至高无上和不可侵犯。汉高祖刘邦初得天下，与群臣宴饮。其间各武将大呼小叫，醉酒争功，拔剑击柱，全无章法。叔孙通^①制定礼仪、服色，使为臣者朝见天子时有一套严格的礼数，规定不同身份的人应用不同的冠服，明显地区分出上下尊卑，强化了等级制度。几经变化后，步入规范。这使刘邦由衷地感叹道："吾乃今日知为皇帝之贵也。"（《汉书·叔孙通传》）正是基于这种原因，历代王朝都有一套礼仪制度，规定社会成员依照自己的等级身份来过相应的生活。人们最基本的需求，如服饰中的衣帽鞋袜，居处的房舍家具以及日常用品等，在色彩、质料、花纹、造型上都要有严格的等级区分。我国古代重视服饰的原因在于看重人的身份，而服饰在人际交往中是最能显示身份的。历代封建统治者在改朝换代之始都十分重视舆服制度的建设，并制定严格的法律以确保其特权的至尊至贵和不受侵犯。如明初颁布的《明律》，对越级僭用舆服、器皿者就有严厉的惩罚规定，有的甚至处以死刑。洪武八年（1375），德庆侯廖永忠因衣服上有龙形花纹，即以僭用龙凤不法事被处死。历代的蒙罪之臣，服饰的僭越往往构成一大罪状。雍正（1723—1735）时赐太保年羹尧自裁，他的罪状中就有几条服饰僭越罪。在我国漫长的封建社会中，越到后期，礼制的规定越加周详，这从明清有关舆服的规定中可以看到大量的事例。如，明代官员

---

① 叔孙通：汉初薛县（今山东省滕州市东南）人。曾为秦博士。秦末，先为项羽部属，后归刘邦。汉朝建立，与儒生共立朝仪。后任太子太傅。

149

的补服就较唐代官员的品色衣强化了等级标志。封建末代王朝的清代，虽然下令彻底改变汉制服装，但对官员的补服却是全盘继承，并加以改造和发展。同属皇族的宗室与觉罗，服制也有严格的区别，并三令五申严禁混淆。

服饰也强烈地反映出阶级的压迫。封建社会讲求的是"贵贱有级，服位有等"，天下人见其服而知贵贱。等级森严的古代社会中决定贵贱的是官爵的品级，不为官宦，即使有贤才美德，无其爵也不敢服其服。历代舆服志中连篇累牍的条例是对以帝王为首的官员品级服饰的规定，而对庶民百姓多的是限制和禁令。封建社会庶民中的士、农、工、商，商居末位，再有钱的富商大贾按法律他们只能穿着劣质绢、布。刘邦得天下后的第八年到洛阳，见商人衣着华丽，立即下令："贾人勿得衣锦绣、绮縠、絺纻、罽（jì，**毛制的毡子一类的东西**）。"（《**汉书·高帝纪**》）明代也明文限制，商人不得衣绸、纱。至于那些制造精美服饰的工匠们，不仅从法律上被剥夺了享有自己成果的权利，在实际生活中也常常是衣衫褴褛地在为他人做嫁衣裳。"**梭子两头尖，歇落无饭钱，织的绫罗绸缎，穿的破衣烂衫**"，这首明代苏杭地区织工们传唱的歌谣，形象而深刻地反映了这个现实。

社会生产力的水平和经济状况对中国古代服饰的发展变化有着重大影响。在生产力低下的原始社会，人们每日忙于果腹，不可能企盼衣着的美好。就是在奴隶社会的殷商时期，奴隶主可以完全剥夺奴隶的劳动成果，享受最好的服饰，但也只能是就当时的社会、经济条件相对而言的美好。所以，服饰的发展是随同社会生产力与经济的发展而日趋华丽和完善的。当社会的生产力迅速发展、经济日益繁荣、科技不断进步、物质资料日渐丰富、人民的生活水平日益提高时，随着人们物质享受欲望的逐步增强，渴求华美服饰的包装、冲破礼制的约束也就成为一种自然的要求。而随同王朝盛世的到来，统治阶层更加追求享受，法制逐渐松弛，礼制也加速破坏。在历代王朝的中、后期，一般都可看到统治者不断发布对违犯礼制的禁令。明代中叶弘治年间（1488—1505），下诏禁止不应着蟒衣的内官们多乞蟒衣，然而"内臣僭妄尤多"。对服色和花纹，虽加意钳束，不准私织，"申饬者再"，但仍是积习相沿，"不能止也"。正德十六年（1521），朱厚熜登基，诏告："近来冒滥玉带、蟒龙、飞鱼、斗牛服色，皆庶官杂流并各处将领夤缘奏乞，今俱不许。武职卑官僭用公、侯服色者，亦禁绝之"（《明史·舆服志》）。嘉靖七年（1528）定百官燕居法服，其所以如此，实由"品官燕居之服未有明制，诡异之徒，竞为奇服，以乱典章"（《明史·舆服志》）。到了明代后期，朝政混乱腐败，小小八品芝麻官，系金带、衣麟蟒的大有人在。一般人家的女子也冲破禁令，穿起久已向往的大红绣织的高等服装。至于富豪缙绅之家的服饰更是争奇斗艳，毫无顾忌。追求华丽服饰成为一时风尚。这种现象在清代晚期尤为严重。清初时顶戴花翎极为贵重，汉人及外任文官极少能获赏赐。到了清代后期，内政腐败，外患频仍，政府屡屡用兵，顶戴花翎就成为忠于王室有功者的奖赏，凡是汉人封爵及文官兼提督巡抚衔者都可以得到。道光年间（1821—1850）又开捐例，只要有钱，什么人都可捐纳一顶。团蟒纹样，也可以不按品级。就连皇族专用的秋色，特有的四开衩袍，庶民都可穿着。其他金绣、彩绣、狐皮等，富有之家都可享用。此时，决定性的因素已不仅是权势、地位了。

社会的思想、意识也是影响中国古代衣冠服饰的一个重要因素。各个时期思想意识的变化都会直接、间接地在服饰上有所反映。如宋代，在程朱理学"兴天理、灭人欲、严教化"的影响下，人们的七情六欲被限制在等级身份之内，俭约守成成为当时力倡的世风。反映在服饰上，就显得比较保守和拘谨，色彩也不大活泼鲜艳。晚明时，随着商品经济的发展、资本主义萌芽的出现、市民阶层的壮大，要求平等与个性解放的思想开始抬头，封建的尊卑贵贱的秩序受到冲击，人们的是非荣辱观念也大为改变。在金钱面前，纲常名教已无能为力，越规逾制被视为理所当然。人们竞尚奢华，去朴从艳，只要有钱，什么人都可以尽情装扮自己。连以往只准戴绿头巾的教坊司乐工，也敢于身穿绘以禽鸟的文官袍服出入歌台舞榭；身份低贱的优伶也能遍体绫罗、满头珠翠，与贵妇争奇斗艳。思想观念的变化影响了服饰的演变，反映了社会风尚，而服饰的演变又反转过来给社会思想、意识以影响。

中国古代服饰与民族的关系密切而又复杂。我国是个多民族的国家，几千年来各民族在服饰上相互影响、相互吸收，从而形成了中华民族丰富多彩的服饰特色。这种民族间的吸收和融合是服饰发展的主流。而这其中又有不同的情况。有的是出于自身生存发展的需要。如战国时代赵武灵王的变服，就是为了富国强兵、洗雪国耻。所以，尽管受到国内守旧派的反对，但当武灵王提出"法度制令各顺其宜，衣服器械各便其用"，"便国不必古"（《史记·赵世家》）的革新道理后，人们也就心悦诚服了。有的是出于民族间自然融合的需要。如唐代，在各族人民杂居错处、密切交往的基础上，服饰相互取长补短，出现了中原地区服饰异彩纷呈、百花竞放的局面。胡服的褊（biǎn）窄紧身和圆领、开衩的特点被吸收，从而形成唐代的"缺骻（kuà）袍"；而其他民族的统治者又醉心于宽袍大袖的汉装。这种民族间服饰的融合与吸收，在现代各民族的服饰中都不难寻到蛛丝马迹，民族间服饰的相互吸收和影响，促使服饰的丰富与发展，这是一方面。另一方面，那就是民族间的矛盾、斗争也会通过服饰反映出来。当一个民族侵略、压迫另一个民族时，压迫者往往以强制手段迫使被奴役的民族改变自己的服饰，以此作为胜利、征服、奴役他民族的象征；而被奴役的民族，也往往奋起抵制，以此作为反抗奴役、反抗压迫的手段。在这种情况下，易服与反易服就成了民族斗争的内容之一。满族初入关时的情况就充分说明了这一点。

服饰体现了人类特有的文化，是人类文明的标志。在中华民族5000年的文明史中，服饰的发展、演变反映了政治、经济、民族、文化等丰富的社会内涵，是一定时期物质文明与精神文明的综合反映。了解一个民族的服饰历史，也有助于了解这个民族发展的轨迹，尽管这不过是一个侧面、一个小小的窗口。

图书在版编目（CIP）数据

中国服饰史话：典藏版 / 戴钦祥，陆钦，李亚麟著. —北京：中国国际广播出版社，2020.12（2023.11重印）

（传媒艺苑文丛.第一辑）

ISBN 978-7-5078-4779-6

Ⅰ. ① 中⋯　Ⅱ. ① 戴⋯②陆⋯③李⋯　Ⅲ. ① 服饰－历史－中国
Ⅳ. ① TS941.742

中国版本图书馆CIP数据核字（2020）第239018号

中国服饰史话（典藏版）

著　　者	戴钦祥　陆　钦　李亚麟
出 品 人	宇　清
项目统筹	李　卉　张娟平
策划编辑	笑学婧
责任编辑	笑学婧
校　　对	张　娜
设　　计	国广设计室

出版发行	中国国际广播出版社有限公司［010-89508207（传真）］
社　　址	北京市丰台区榴乡路88号石榴中心2号楼1701
	邮编：100079
印　　刷	环球东方（北京）印务有限公司

开　　本	710×1000　1/16
字　　数	90千字
印　　张	10.25
版　　次	2020 年 12 月 北京第一版
印　　次	2023 年 11 月　第三次印刷
定　　价	29.00 元